EXTRAIT DES ANNALES DE L'INSTITUT NATIONAL AGRONOMIQUE

TOME VII, 1882

ÉTUDE DES MACHINES

DESTINÉES A LA

PRÉPARATION DES RACINES

ET DES TUBERCULES

PAR

MAXIMILIEN RINGELMANN

ÉLÈVE DIPLOMÉ
DE L'INSTITUT NATIONAL AGRONOMIQUE

NANCY

IMPRIMERIE BERGER-LEVRAULT ET Cie

11, RUE JEAN-LAMOUR, 11

1883

EXTRAIT DES ANNALES DE L'INSTITUT NATIONAL AGRONOMIQUE

TOME VII, 1882

ÉTUDE DES MACHINES

DESTINÉES A LA

PRÉPARATION DES RACINES

ET DES TUBERCULES

PAR

MAXIMILIEN RINGELMANN

ÉLÈVE DIPLOMÉ
DE L'INSTITUT NATIONAL AGRONOMIQUE

NANCY

IMPRIMERIE BERGER-LEVRAULT ET Cie

11, RUE JEAN-LAMOUR, 11

1883

ÉTUDE DES MACHINES

DESTINÉES A LA

PRÉPARATION DES RACINES

ET DES TUBERCULES

PAR

M. MAXIMILIEN RINGELMANN

ÉLÈVE DIPLOMÉ DE L'INSTITUT NATIONAL AGRONOMIQUE

L'idée primordiale de ces recherches a été puisée dans les conseils et dans le cours de M. Hervé Mangon, notre ancien professeur de génie rural, lorsqu'il nous citait les résultats que l'on avait obtenus au concours d'Oxford et nous montrait le défaut de ces expériences. En effet, elles ne reposaient pas sur une base fixe. Voici quels furent leurs résultats :

Résultats des essais des coupe-racines primés au concours d'Oxford.

DÉSIGNATION	1er PRIX	2e PRIX	
Nombre de kilogrammètres dépensés par kilogramme de racines coupées.	20k,5	13k,9	17k,5
Temps nécessaire pour couper 1,000 kilogr. de racines.	29' 24"	44' 6"	38' 52"

Les expériences dont je vais rendre compte ont été faites à la ferme de Joinville-le-Pont, sous la bienveillante direction de

M. Grandvoinet, professeur de génie rural à l'Institut agronomique.

Le côté matériel des recherches, c'est-à-dire la fourniture des racines et des tubercules, m'a été assuré grâce à l'obligeance de M. C. Viet, régisseur de la ferme, que je m'empresse de remercier ici. Je remercie également les constructeurs qui ont bien voulu mettre à ma disposition des coupe-racines, dépulpeurs et laveurs ; ce sont MM. Pécard (à Paris-Nevers), Waitte-Burnell (de Londres-Paris), Peltier jeune (à Paris) et Lanz (Paris).

Joinville-le-Pont, juin 1881.

CHAPITRE I

DÉTERMINATION DE LA FORMULE GÉNÉRALE DES COUPE-RACINES, DÉPULPEURS ET RAPES.

Si nous observons un coupe-racines ou un dépulpeur en travail, nous pouvons facilement remarquer que l'effort général exercé par le moteur peut se décomposer en trois parties très distinctes les unes des autres ; en effet :

1° La rotation du disque coupeur nécessite de la part du moteur un certain effort uniquement employé à vaincre les divers frottements exercés sur les paliers et sur les collets de l'arbre, c'est ce que j'appelle l'*effort à vide*.

2° Les racines sont alternativement tranchées par les couteaux lorsque ceux-ci viennent à passer devant la trémie et c'est là l'effort principal, celui que je désigne sous le terme d'*effort net de coupe*.

3° Dans l'intervalle qui a lieu entre le passage des couteaux, les racines qui sont soumises à une poussée de la part des racines supérieures, viennent s'appuyer contre le plateau en y exerçant une certaine pression dont larésultante finale se traduit en un certain *frottement* d'une nature particulière qui varie dans des conditions que j'essaierai de déterminer plus tard.

Voilà les trois efforts qui entrent dans la formule générale de la machine, de sorte que si je désigne par :

E l'effort général,
e — à vide,
e' — de frottement des betteraves contre le plateau,
e'' — net de coupe,

j'obtiens l'équation suivante :

$$E = e + e' + e'' . \quad . \quad . \quad . \quad . \qquad (1)$$

C'est la formule générale des coupe-racines, dépulpeurs et râpes.

Je crois qu'il est utile de décrire ici la méthode que j'ai suivie dans mes expériences, afin d'arriver à déterminer séparément chacun de ces trois éléments de la formule générale.

La manivelle dynamométrique étant bien tarée, en faisant tourner la machine à vide, j'obtenais un tracé dynamométrique qui calculé me donnait une quantité que j'appelle a, mais nous ne pouvons pas écrire

$$e = a$$

en donnant à e la valeur qu'il a dans la formule (1) ;
au contraire,

$$a > e$$

car il faut ajouter à e un certain effort supérieur b nécessité par la marche du dynamomètre lui-même, c'est-à-dire les frottements des engrenages, de l'embrayage, du papier contre les rouleaux, du crayon contre le papier, etc, etc.

Pour plus de simplicité, admettons que nous ayons une valeur a que j'ai appelée *effort à vide*, on a :

$$e = a - b. \quad . \quad . \quad . \quad . \quad . \quad . \quad . \qquad (2)$$

mais ici b est inconnu.

Après ce premier essai, c'est-à-dire la machine étant tarée, j'ai fait travailler le coupe-racines en ayant bien soin de l'alimenter aussi régulièrement qu'il était possible ; en même temps j'enregistrais la force dépensée par la machine, je prenais note du nombre de tours effectués et du poids des betteraves coupées ; en calculant la courbe dynamométrique, j'obtenais un effort que je désignerai par la lettre A et que j'appellerai *effort total en charge.*

Il est évident que nous avons la relation suivante :

$$E = A$$

dans laquelle E a la même valeur qu'il a dans l'équation (1).

Mais, d'une autre part, nous avons la formule (3) :

$$A - a = B \; . \; . \; . \; . \; . \; . \; . \qquad (3)$$

dans laquelle j'ai désigné par B la valeur de l'*effort utile.*

Mais cet effort utile B est susceptible de se décomposer en deux parties suivantes :

1° Un effort de frottement des betteraves contre le plateau, que nous avons désigné par e';

2° Un effort nécessaire au coupage seul des racines, c'est-à-dire e''.

De sorte que nous avons la relation suivante :

$$B = e' + e'' \; . \; . \; . \; . \; . \; . \; . \qquad (4)$$

Nous avons vu que l'effort enregistré a pendant que la machine marchait à vide, ne donne pas exactement la valeur pratique de l'effort à vide e ; au contraire, que

$$a > e$$

et que l'on avait un effort additionnel que j'ai désigné par b dépensé pour le dynamomètre ; lorsque nous avons enregistré la quantité A, la machine marchait en charge ; on a, si l'on désigne par C l'effort pratique qui représente la valeur de $(e + e' + e'')$ de l'équation (1) :

$$C + b = A$$

En donnant à b la même valeur que dans la formule précédente, car il est évident que b reste invariable, soit que la machine tourne à vide, soit qu'elle tourne en charge, donc

$$C = A - b$$

C étant égal à E de l'équation (1).

D'autre part, la formule (3) nous donne la valeur de $(e' + e'')$ qui est représentée par B en fonction de A et de a

$$B = A - a \; . \; . \; . \; . \; . \; . \; . \qquad (3)$$

Il s'agit de voir si la quantité B a été influencée par l'effort additionnel b que nous a nécessité la marche du dynamomètre. On a, en remplaçant dans la relation (3) les lettres A et a par leurs valeurs respectives :

$$(C + b) - (e + b) = B$$

en simplifiant, la quantité b qui était inconnue disparaît et on a la formule suivante :

$$C - e = B \quad . \quad . \quad . \quad . \quad . \quad . \quad . \qquad (5)$$

Par conséquent, quoique nous ne connaissions pas exactement la valeur de b, en appliquant les formules précédentes, nous arrivons à déterminer exactement la valeur de B, c'est-à-dire de $(e' + e'')$.

Mais en poussant les choses plus avant (et nous le verrons plus loin), nous pouvons déterminer expérimentalement la valeur du frottement (e') des betteraves contre le plateau, et on a l'équation (6) en fonction de (4) :

$$e'' = B - e' \quad . \quad . \quad . \quad . \quad . \quad . \quad . \qquad (6)$$

De sorte que nous connaissons, d'une part, la valeur de e'' et, d'autre part, celles de e et de e' (valeur dont nous pouvons étudier la variante avec chaque système de machines) ; cela nous amène, en additionnant ces trois termes, à la formule générale (1) du coupe-racines que j'ai donnée au commencement de ce chapitre.

Dans tout ce qui va suivre, l'étude sera faite le plus souvent sur un coupe-racines ; je me hâte d'ajouter ici que coupe-racines, dépulpeurs ou râpes, se confondent au point de vue de e et de e'; il n'y a que le coefficient e'' qui varie avec chacune de ces trois classes de machines.

CHAPITRE II

CENTRE DE RÉSISTANCE.

Le calcul de la force nécessaire à la machine et la détermination des coefficients ne peuvent pas se donner sur l'axe d'une manivelle ou sur la circonférence d'une poulie, car leurs rayons varient à l'infini; au contraire, je crois qu'il faut rapporter tous les efforts sur un point unique, invariable quelles que soient les dimensions de la machine sur le *centre de résistance;* et connaissant, d'une part, ce centre de résistance et, d'une autre, les coefficients et la force nécessaire en ce point, nous pourrons toujours évaluer le travail sur la circonférence d'une poulie de rayon connu.

Quel que soit l'état de chargement de la trémie, nous pouvons toujours remarquer (dans un coupe-racines à plateau) que les racines présentent une surface coupée AOC nettement *triangulaire* (*fig.* 1); l'effort P qui agit à l'extrémité de la manivelle ou de la poulie de rayon R vient donc s'exercer sur la surface totale de ce triangle, et le point d'application de (R-P) doit se trouver sur son *centre de gravité.*

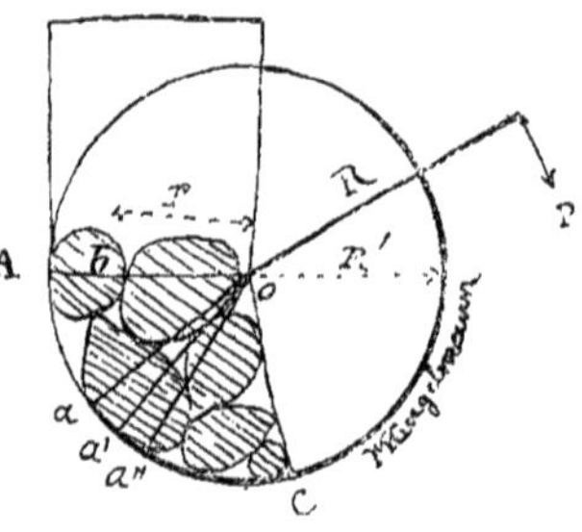

Fig. 1.

Nous pouvons par la pensée le décomposer en une succession de petits triangles *a a' o, a'a''o,* tels que leur petite base *aa', a' a''*, soit une ligne droite, le centre de gravité de ces différents triangles se trouve aux $^2/_3$ de la perpendiculaire abaissée du point *o* sur le côté opposé *aa', a' a''* et cette perpendiculaire est égale au rayon R' du disque (longueur de la lame), de sorte que le lieu géométrique de tous ces points est sur une circonférence dont le rayon *r* est égal aux $^2/_3$ de R' ou A*b* = 1 ; *b o* = 2 et on a la relation suivante :

$$r = R' \frac{2}{3} \qquad (7)$$

Si nous connaissons l'effort exercé sur la manivelle **R**, nous pouvons le ramener sur le centre de résistance, car

$$P : p :: r : R$$

d'où $$p = P \frac{R}{r} \quad \ldots \ldots \ldots \quad (8)$$

Dans la suite, nous rapporterons toujours l'effort nécessaire sur le centre de résistance; connaissant cet effort et la valeur de r, nous ramenons le travail sur la tangente d'une poulie dont le rayon est R; aussi, si

P désigne l'effort tangentiel inconnu à exercer sur la poulie,

R le rayon de cette poulie,

r le rayon du centre de résistance,

p l'effort connu qui doit être exercé sur r, on a l'équation du travail T' sur le centre de résistance :

$$T' = p.(2.\pi.r)$$

et pour n tours par minute :

$$T' = n.\left[p.(2.\pi.r)\right] \quad \ldots \quad (9)$$

Et si l'on veut ramener ce travail T' sur a tangente de la poulie de rayon R, on a :

$$P.R = p.r$$
$$P = p.\left(\frac{r}{R}\right)$$
$$T = p.\left[(2\pi R).\frac{r}{R}\right]$$

et pour n tours :

$$T = n.p.\left[(2\pi r).\right] \quad . \quad . \quad (10)$$

Détermination de r.

(*Coupe-racines à plateau circulaire.*) Nous avons vu que r (*fig.* 1) répond à la relation suivante :

$$r = R' \frac{2}{3} \quad \ldots \ldots \ldots \quad (7)$$

mais la valeur de r n'est pas exactement celle donnée par la figure précédente, car la lame ne va pas jusqu'au centre du disque; au contraire, elle est éloignée d'une quantité a (*fig.* 2); si b représente la longueur de la lame, on a :

$$r = b.\frac{2}{3} + a \ldots\ldots \quad (11)$$

C'est la formule qui nous permet de déterminer la valeur du centre de résistance ; il est aux $^2/_3$ de la longueur de la lame, plus la distance qui sépare le centre du disque du bord de la lame.

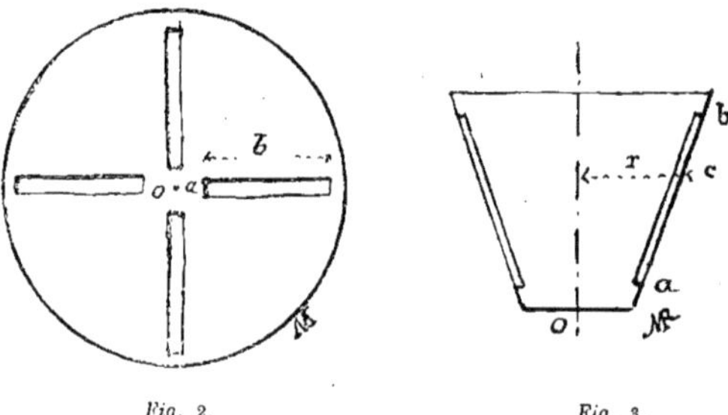

Fig. 2. *Fig.* 3.

(*Coupe-racines coniques, fig.* 3.) C'est la projection r du point c :

$$c = ab.\frac{2}{3} \ldots\ldots \quad (12)$$

sur l'axe du cône.

(*Coupe-racines cylindriques.*) Le centre de résistance r d'un coupe-racines cylindrique (*fig.* 4) est le rayon r du cylindre.

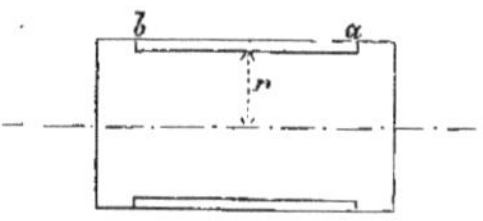

Fig. 4.

L'effort à vide.

Lorsque la machine est en marche, certaines résistances passives entrent en jeu et dépensent une certaine quantité de force motrice ; cette quantité de force dépensée est ce que j'ai appelé *effort à vide,* désigné par la lettre e dans la formule (1) générale des coupes-racines et dépulpeurs.

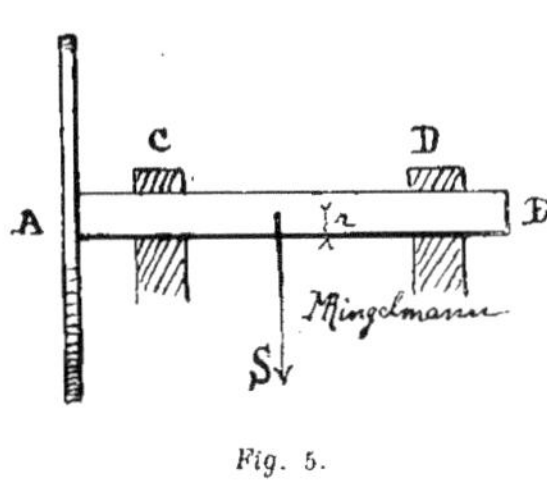

Fig. 5.

Les résistances passives qui forment la majeure partie de l'*effort à vide* sont constituées par des frottements de glissements de l'arbre moteur AB dans ses paliers CD (*fig.* 5), et par conséquent suit la loi de ce frottement, qui, comme nous le savons, dépend simplement de la force qui presse le corps frottant contre le corps frotté, c'est-à-dire que si S désigne la force qui presse les corps l'un contre l'autre, b le coefficient du frottement et F la force de frottement, on a :

$$F = b\,S \quad . \quad . \quad . \quad . \quad . \quad . \quad . \quad . \qquad (13)$$

Si nous désignons par p_1 le poids du disque, par p_2 le poids de l'arbre et par p_3 celui de la manivelle ou de la poulie, on a :

$$S = p_1 + p_2 + p_3 \quad . \quad . \quad . \quad . \qquad (14)$$

c'est-à-dire le poids total du disque coupeur, de l'arbre moteur et de la manivelle ou de la poulie motrice ; cette donnée est d'ailleurs très facile à obtenir, quelleque soit la machine que l'on considère. Ce poids, dépendant des diamètres du disque et de la densité du métal employé, varie avec chaque constructeur dans de trop grandes limites pour nous y arrêter plus longtemps.

Il nous reste à évaluer le coefficient de frottement b qui nous est donné par la table dressée des expériences de M. le général Morin, et dont voici un très court extrait :

Coefficients de frottements de glissement.

Métaux sur métaux	à sec.	0,15 à 0,20
	mouillés	0,30
Surfaces unies graissées par intervalle.		0,07 à 0,08
— —	continuellement.	0,05
— — —	les meilleurs résultats.	0,030 à 0,036

L'expérience apprend qu'il faut adopter en moyenne comme valeur de b pour les machines que nous étudions en ce moment, le chiffre donné pour les surfaces unies graissées par intervalle, c'est-à-dire entre 0,07 et 0,08, de sorte qu'en reprenant la formule (13) et remplaçant b par sa valeur (0,075), on a :

$$F = 0{,}075.\ S \ldots\ldots \qquad (15)$$

Or, nous connaissons la valeur de S (formule 14), nous en déduirons l'effort F qui exprime l'effort nécessaire pour vaincre le frottement à l'extrémité du rayon r (*fig.* 5), et si nous voulons ramener la force F sur le centre de résistance, si R désigne le rayon du centre de résistance, P la force que nous cherchons et qui est appliquée tangentiellement à R, on a :

$$Fr = PR$$
$$P = F\left(\frac{r}{R}\right)$$

Remplaçant F par sa valeur (15), on a :

$$P = 0{,}075.\ S.\left(\frac{r}{R}\right)$$

mais on a $P = e$, en donnant à e la même valeur que nous lui avons donnée dans la formule générale (1), on a :

$$e = 0{,}075,\ S.\left(\frac{r}{R}\right)\ldots\ldots \qquad (16)$$

dans laquelle e désigne la force nécessaire à exercer sur le centre de résistance pour vaincre le frottement de l'arbre dans ses paliers.

Nous verrons plus loin que certaines dispositions de machines entraînent un surcroît de frottement de glissement de l'arbre dans ses coussinets.

Mais l'*effort à vide* n'est pas uniquement constitué par des frottements de glissement de l'arbre dans ses paliers ; au contraire, lorsque la machine est en charge, des frottements additionnels viennent s'ajouter à l'effort primitif. Parmi ces résistances additionnelles, quelques-unes peuvent être étudiées et détachées de l'effort de coupe, tandis que d'autres lui restent intimement unies et celles-ci sont alors confondues avec l'*effort net de coupe*.

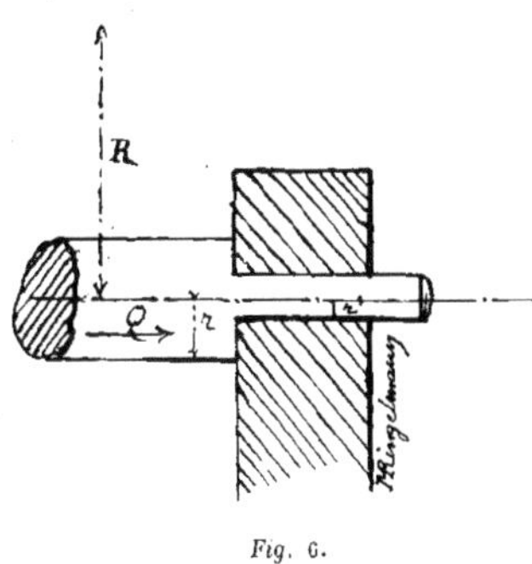

Fig. 6.

La seule résistance qui puisse être étudiée, produite par la machine en charge, est celle du surcroît de frottement de glissement sur les collets de l'arbre.

Nous savons que dans un coupe-racines ou dépulpeur, le disque, fût-il plan ou conique, tendra toujours à se déjeter vers un point, et alors il s'écartera de sa position primitive ; pour le maintenir invariable dans sa première position, on a soin de munir l'arbre moteur de collets qui pressent contre le palier (*fig.* 6) : c'est un frottement de glissement de la couronne $r - r'$.

Si nous désignons par Q la pression totale qui s'exerce sur le collier, ayant pour rayon intérieur r' et pour rayon extérieur r ; le frottement se trouvant appliqué sur un cercle ayant environ $\left(\frac{2.\ r - r'}{3} + r'\right)$, le moment du frottement suit la formule suivante, si R désigne le rayon du centre de résistance :

$$FR = f.\ Q.\left(\frac{2.\ r - r'}{3} + r'\right)$$

d'où

$$F = \frac{1}{R} f.\ Q.\left[\frac{2.\ r - r'}{3.} + r'\right] \quad . \ . \ . \ . \qquad (17)$$

f désignant le coefficient de frottement. Il faut déterminer Q qui varie nécessairement suivant chaque disposition de machines :

1° *Machines à disque plan.* — § 1. — *Disque vertical.* — Soit une machine dont le disque coupeur vertical AC fixé sur l'arbre moteur *a b* tourne devant une trémie dont le fond est représenté par la ligne AB ; voici ce qui va se passer : lorsque la trémie est pleine de racines, le disque coupeur tend à se déjeter dans la direction de la flèche K (*fig.* 7), et par conséquent dans ce mouvement il entraîne l'arbre moteur *a b* sur lequel il est calé, de sorte que le collet *j* vient s'appuyer contre le palier G et y crée en tournant une certaine résistance due au frottement, celui que nous étudions ; mais *ce frottement est fonction de la valeur de K, c'est-à-dire du chargement de la trémie.*

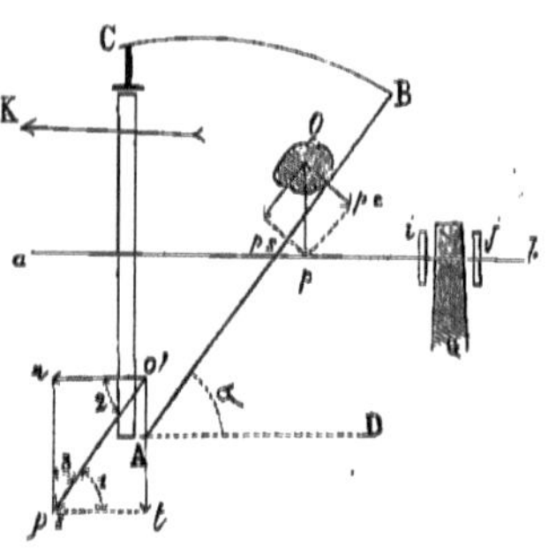

Fig. 7.

La trémie fait avec l'horizontale AD un certain angle α; supposons une racine O placée sur ce plan incliné AB, le poids Op de cette racine se décompose en op_c (p. cos α) qui presse la racine contre le plan et retarde son mouvement de descente, et l'autre qui est parallèle au plan p_s (p. sin α) qui tend à la faire descendre ; la racine sous l'influence de (p. sin α) descend jusqu'en o' où elle presse contre le disque d'une quantité $o'p_s$ qui se décompose en $o't$ et $o'r$; ici la quantité $o'r$ est celle qui nous intéresse, c'est la quantité K de la figure 7, c'est là valeur de Q de la formule (17) :

$$\text{l'angle } \hat{1} = \hat{\alpha} \text{ et l'on a}$$

$$o'r = o'p_s \sin \hat{3}$$

$$= o'p_s . \cos \hat{1}$$

$$= o'p_s . \cos \alpha$$

Remplaçons $o'p_s$ par sa valeur, et l'on a :

$$o'r = p . (\sin \alpha . \cos \alpha$$

ou, en simplifiant et en remplaçant $o'r$ par Q de la formule (17), on a :

$$Q = p . \tfrac{1}{2} . \sin 2\alpha \quad . \quad . \quad . \quad . \qquad (18)$$

c'est-à-dire la moitié du sinus de l'angle double α.

§ 2. — *Disque horizontal.* — Si le disque est horizontal, le poids total des betteraves agit et l'on a :

$$Q = p \ . \ . \ . \ . \ . \ . \ . \ . \ . \qquad (19)$$

dans lequel p est le poids total des racines.

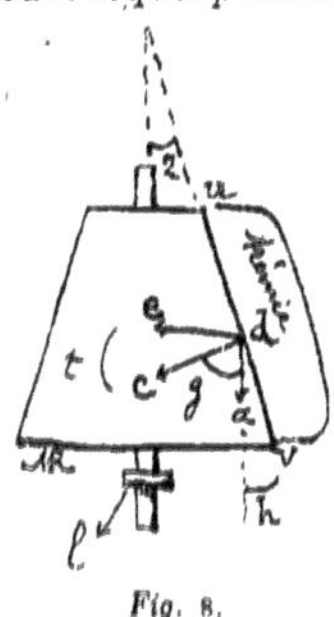

Fig. 8.

2° *Machines à disque conique.* — Dans un coupe-racines ou un dépulpeur à disque conique, les racines viennent presser suivant une direction dc normale à la génératrice du cône, cette force dc (*fig.* 8) est égale au poids p des racines qui agit et est susceptible de se décomposer en deux autres : l'une de qui a pour effet de s'ajouter à l'action du poids du cône dans l'*effort à vide*, et l'autre da qui pousse le cône de d vers a et crée sur le collet l le frottement que nous étudions ; on a :

$$da = cd. (\cos g)$$

mais

$$\hat{g} = 90° - h$$

et si nous désignons par z l'angle du sommet du cône, on a :

$$h = z$$
$$g = 90° - z$$

en remplaçant g par sa valeur :

$$da = cd. \left[\cos (90° - z)\right] \ . \ . \ . \ . \ . \qquad (20)$$

c'est la pression exercée contre le collier l, mais cd est dû à l'action de la pesanteur qui presse les racines contre le disque coupeur ; il y a deux cas différents :

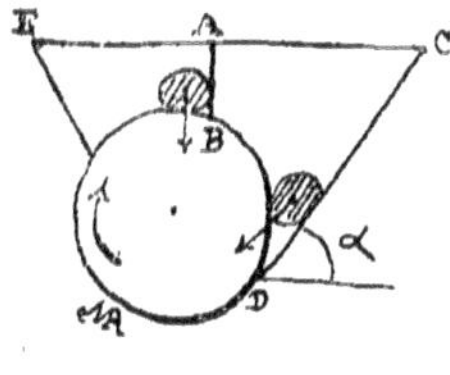

Fig. 9.

1° Si le cône forme le fond de la trémie ;

2° Si la trémie est inclinée.

1° Lorsque le cône forme le fond de la trémie AB, on a, si da est désigné par la lettre a, c'est-à-dire la poussée contre l (*fig.* 9) et p le poids des racines ($p = c\,d$).... (20) :

$$a = p. \left[\cos (90° - z)\right] \ . \ . \ . \ . \qquad (21)$$

2° Si le fond CD est incliné d'un certain angle α sur l'horizon, on a la décomposition du poids de la racine ($p.$ sin α), et dans ce cas,

$$a = p.\ \sin\alpha . \left[\cos\left(90^\circ - z\right)\right] \ . \ . \ . \ . \qquad (22)$$

Discussion. — On voit en discutant les équations (21) et (22) que la disposition de la trémie la plus favorable à adopter pour un coupe-racines conique est celle CD qui est inclinée d'un certain angle α sur l'horizon, car au lieu de p, on a ($p.$ sin α).

L'avantage resterait à cette disposition de trémie lorsque celle-ci sera complètement chargée jusqu'en CE, car il y aurait décomposition : une partie sensiblement égale à EAB (*fig.* 9) aurait comme valeur celle de p et l'autre ABCD aurait comme valeur ($p.$ sin α) ; on voit que la disposition CD à trémie inclinée est la plus favorable au point de vue de l'économie de la force.

D'une autre part, il faut que la valeur de l'angle z soit la plus petite possible, car la quantité *da* est fonction de z et l'on conçoit que plus z diminue, *da* diminue aussi, de telle sorte que si $z = 0$ ou si le disque est *cylindrique*, la valeur de *da* devient *nulle* et l'on n'a aucune poussée sur le collet de l'arbre, toute la pression devient latérale, ce que nous étudierons dans un instant.

Si nous prenons nos précédentes formules pour les transformer en formules générales analogues à celle (17) en donnant à Q les valeurs que nous venons de trouver, on a, en rapportant la force sur le centre de résistance :

1° Cas d'un disque vertical :

$$F = \frac{1}{R} f.\ p.\ \left(\tfrac{1}{2} \sin 2.\ \alpha\right) \frac{2.\ r - r'}{3.} + r' \ . \ . \ . \qquad (23)$$

2° Pour un disque horizontal :

$$F = \frac{1}{R} f.\ p.\ \frac{2.\ r - r'}{3.} + r' \ . \ . \ . \ . \ . \ . \ . \ . \ . \qquad (24)$$

3° Pour un coupe-racines à disque conique et trémie verticale :

$$F = \frac{1}{R} f.\ p.\ (\cos 90^\circ - z) : \frac{2.\ r - r'}{3.} + r' \ . \ . \qquad (25)$$

4° Pour un disque conique à trémie inclinée (α) :

$$F = \frac{1}{R} f.\ p.\ \sin\alpha .\ (\cos 90^\circ - z) \frac{2.\ r - r'}{3.} + r' . \qquad (26)$$

5° Pour un disque cylindrique :

$$F = \text{zéro} \quad . \quad . \quad . \quad . \quad . \quad . \quad . \qquad (27)$$

On voit, toutes choses étant égales d'ailleurs, que la disposition la plus rationnelle au point de vue du frottement contre les collets est celle du disque *cylindrique* (27), puis vient le disque conique à trémie inclinée (26), puis le disque conique à trémie verticale (25), ensuite le disque plan vertical (23), et enfin la plus mauvaise est le disque plan horizontal (24).

Nous avons vu, en cherchant à établir la formule (20), que dans la machine à disque conique (*fig.* 8), l'effort *dc* se décomposait en *da* qui était égal à Q de la formule (17) et en un autre *dc* qui venait s'ajouter au frottement de l'arbre dans ses paliers, c'est-à-dire à l'effort à vide ; en effet, les disques coniques et cylindriques subissent cette modification.

Cette quantité *dc* est quelquefois assez sensible pour que j'essaye d'en donner la formule.

§ 1. — *Disques coniques.* — En donnant aux lettres qui vont suivre la même désignation que celles de la formule (20) et de la figure 8, on a l'équation suivante en fonction de *dc* et en désignant *dc* par p et *de* par la lettre m :

$$m = p. \ (\cos t)$$

mais on a :

$\widehat{edc} = \hat{z}$, car *dc* est perpendiculaire à *uv* et *cd* normal a *ec*, d'où

$\hat{t} = \hat{z}$; donc

$$m = p. \ (\cos z) \quad . \quad . \quad . \quad . \quad . \qquad (28)$$

et p suit la même relation que pour les formules (21) et (22), c'est-à-dire que pour un disque conique dont la trémie est verticale, on a :

$$m = p. \ (\cos z) \quad . \quad . \quad . \quad . \quad . \qquad (29)$$

et pour une trémie inclinée à l'angle α :

$$m = p. \ \sin \alpha. \ (\cos z) \quad . \quad . \quad . \qquad (30)$$

§ 2. — *Disques cylindriques.* — On voit dans la formule (28) que si z = zéro, cos z devient = 1, c'est le cas d'un disque cylindrique :

$$m = p \ldots\ldots\ldots \quad (31)$$

Cette addition m de pression ne subit pas d'altération sensible pour les formules (29) et (31) ; quant à la formule (30), elle se modifie un peu, car sa direction n'est pas sensiblement celle de S de la formule (13), de sorte que l'on a comme valeur de e de l'équation (1) en prenant les formules précédentes ajoutées à la formule (16) :

1° Pour un disque conique à trémie inclinée :

$$e = 0{,}075. \left[\mathrm{S} + p.\ \sin \alpha.\ (\cos z) \right] . \left(\frac{r}{\mathrm{R}} \right) \ldots \quad (32)$$

2° Pour un disque conique à trémie verticale :

$$e = 0{,}075. \left[\mathrm{S} + p.\ \cos z \right] \left(\frac{r}{\mathrm{R}} \right) \ldots\ldots \quad (33)$$

3° Pour un disque cylindrique :

$$e = 0{,}075. \left[\mathrm{S} + p. \right] \left(\frac{r}{\mathrm{R}} \right) \ldots\ldots\ldots \quad (34)$$

Dans ce cas, c'est la machine conique à trémie inclinée qui est la plus favorable, mais je crois que le surcroît de travail dû à la quantité entière p dans la formule (34) pour un disque cylindrique n'est pas si considérable que cette raison seule fasse rejeter son emploi, car il est à noter qu'il a en *moins* le frottement des collets qui est commun aux disques plans et coniques. On voit donc jusqu'à présent que la forme la plus rationnelle est le disque cylindrique tel qu'il se trouve dans le coupe-racines Gardner, le dépulpeur Bentall, et dans la râpe ordinaire des sucreries.

CHAPITRE III

DU FROTTEMENT DES RACINES CONTRE LE DISQUE COUPEUR.

La seconde partie du travail moteur après l'effort à vide, se compose de la force nécessaire pour vaincre le frottement que les racines ou les tubercules exercent contre le plateau.

Après le passage du couteau, les racines qui sont éloignées du disque d'une quantité précisément égale à l'épaisseur de la tranche qui vient d'être enlevée se mettent immédiatement en mouvement sous l'action de la pesanteur et descendent sur le fond de la trémie pour venir s'appuyer contre le plateau, puis cet état de choses persistant, une autre lame vient enlever un second copeau et les racines descendent de nouveau.

Dans l'intervalle qui sépare l'action des lames, les racines qui sont soumises à une poussée occasionnée par leur propre poids ajouté à celui des racines qui leur sont supérieures, viennent s'appuyer contre le plateau coupeur et y créent un frottement d'une espèce particulière que je me propose d'étudier ici.

Le premier point à élucider était de savoir si le frottement que les racines exercent contre le plateau ou le disque coupeur était indifférent de la surface frottante ou bien s'il augmentait avec l'étendue des surfaces en contact.

A priori, on pensait donner raison à la seconde proposition, car on s'appuyait sur l'expérience suivante : en mettant une tranche de betterave (fraîchement coupée) sur une lame métallique bien propre, on s'apercevait qu'une adhérence s'établissait, qui d'ailleurs était singulièrement facilitée par le jus un peu visqueux qui sortait des cellules blessées, et l'on disait que, comme il y a adhérence, le frottement doit être fonction des surfaces frottantes.

Mais il suffit d'examiner le disque d'un coupe-racines ou d'un dépulpeur quelconque qui vient de travailler continuellement pendant trois ou quatre minutes seulement pour voir que ce disque est recouvert d'une couche d'eau qui, grâce au suc de la racine, est un peu collante. Cette couche de liquide interposée entre le corps frotté et le corps frottant doit faciliter les frottements des deux corps en diminuant l'effort moteur nécessaire pour le vaincre.

C'est le cas maintenant d'examiner si le frottement est indifférent ou non des surfaces en contact ; pour cela, il me suffira d'expliquer une expérience bien simple :

Si nous prenons une plaque métallique bien plane et que nous l'inclinions suffisamment pour que la descente d'une betterave coupée puisse s'effectuer sans accélération, si nous mouillons cette plaque avec un peu d'eau et en y frottant assez énergiquement une betterave fraîchement coupée, on la recouvre de cette couche d'eau un peu collante que j'ai dit exister sur la face interne du disque coupeur de notre machine ; les choses étant ainsi disposées, nous pouvons aisément faire glisser les betteraves sur ce plan incliné, et nous observerons que l'angle d'inclinaison nécessaire pour faire glisser cette racine est un angle à très peu près constant, car il varie de 2 à 3 degrés au maximum, et, d'une autre part, que le frottement n'est fonction que du poids de la racine ou du tubercule et qu'il est indifférent des surfaces en contact.

De cette simple expérience découle que le frottement que les racines coupées exercent contre le disque coupeur suit la loi générale du frottement de glissement, ou en d'autres termes plus précis, que *le frottement qui s'exerce par la pression des racines coupées sur le disque coupeur dépend simplement de la force qui les presse l'un contre l'autre.*

Donc, si nous désignons par Q la force qui presse les racines contre le plateau, par f le coefficient du frottement et par F la force de frottement, on a la formule suivante :

$$F = f . Q \quad \ldots\ldots\ldots \qquad (35)$$

Le coefficient f doit être déterminé expérimentalement ; pour cela, j'ai eu recours à deux procédés différents.

§ 1. — *Première expérience* (*directe*). — Si nous faisons marcher un coupe-racines en charge (à une épaisseur quelconque), le plateau, au bout d'un certain nombre de tours, est bien mouillé ; on arrête la machine, et sans tourner on retire les lames en les déboulonnant, de façon qu'elles ne fassent pas saillie à l'intérieur de la trémie, puis on fait tourner le plateau qui ainsi disposé ne coupe plus de betteraves, il ne fait que les frotter ; à l'aide du dynamomètre, on enregistre la force que la machine dépense à ce moment ; or celle-ci répond à l'équation suivante :

$$A = e + e' \quad \ldots\ldots \qquad (36)$$

dans laquelle A représente la force enregistrée par le dynamomètre, e l'effort à vide, e' l'effort de frottement des racines contre le plateau ; mais on connaît e par un essai préalable, on déduit la valeur de e' en fonction de la relation précédente, et l'on a :

$$e' = A - e \quad . \quad . \quad . \quad . \quad . \qquad (37)$$

e' est le frottement cherché.

Pour obtenir le coefficient de frottement que nous avons appelé f dans la formule (35), il faut connaître la valeur de Q de la même formule ; comme nous le verrons plus loin, Q n'est pas égal au poids total des betteraves qui se trouvent dans la trémie, car lui aussi suit une certaine formule ; pour plus de simplicité, admettons que nous connaissons exactement la valeur de Q, on a d'après (35)

$$e' = F$$

en donnant à e' la valeur de la relation (37) et à F celle qu'il a dans (35)

$$e' = f\,Q$$

d'où je tire f

$$f = \frac{e'}{Q} \quad . \quad . \quad . \quad . \quad . \quad . \quad . \quad . \qquad (38)$$

§ 2. — *Deuxième expérience* (*le plan incliné*). — On place une betterave o fraîchement coupée sur un plan AB susceptible de prendre diverses inclinaisons (*fig.* 10); on place la racine près du point B et l'on donne au plan AB une inclinaison convenable pour que la betterave puisse glisser sans accélération et qu'elle arrive avec une vitesse uniforme au point A.

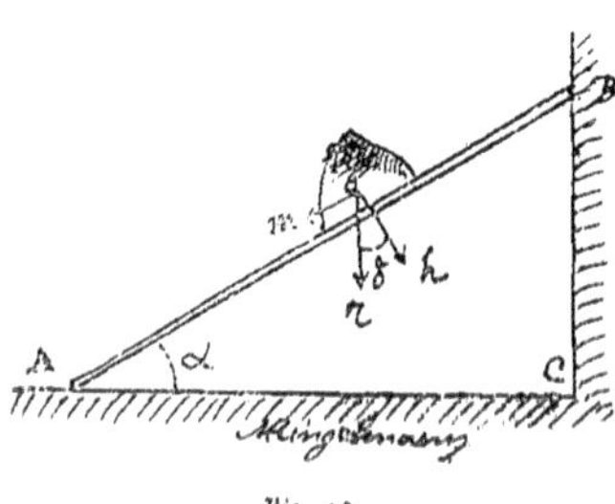

Fig. 10.

La betterave qui tend à descendre BA, est sollicitée par l'action de la gravité que nous pouvons représenter en grandeur et en direction par la ligne or susceptible de se décomposer en oh qui, normal au plan AB, représente la pression que la betterave exerce sur le plan ; elle forme avec or un angle δ égal à α ; la seconde décomposition est om qui est parallèle à AB, c'est elle qui détermine le mouvement dé descente de la betterave ; si P est le poids de la racine, on a ($P = or$)

$$om = P \sin \alpha$$
$$oh = P \cos \alpha$$

Lorsque le corps o tend à descendre le plan AB, il est retenu par P cos α, mais, au contraire, P sin α vient aider le mouvement et l'on a :

$$fP \cos \alpha - P \sin \alpha$$

Si F_1 désigne la force nécessaire à la descente, et f le coefficient de frottement, on a :

$$F_1 = P \sin \alpha - f P \cos \alpha$$

et

$$f = \frac{\sin \alpha}{\cos \alpha} = \operatorname{tang} \alpha \ldots\ldots \quad (39)$$

On voit donc qu'il suffit de connaître l'angle α que fait le plan AB avec la ligne de terre AC, d'en rechercher la tangente trigonométrique qui est le coefficient de frottement que nous avons appelé f dans l'équation (35).

Dans les expériences que j'ai faites suivant cet ordre d'idées, je faisais reposer le plan AB, d'une part, contre le mur BC et, d'autre part, le pont A sur le plancher AC du laboratoire, et je cherchais l'inclinaison favorable au glissement; ceci une fois fait, je mesurais exactement les deux valeurs AC et BC.

Or, comme nous avons ici un triangle rectangle en C, la tangente α se déduit directement en fonction des deux côtés du triangle :

$$BC = AC \ (\operatorname{tang} \alpha)$$

d'où

$$\operatorname{tang} \alpha = \frac{BC}{AC} \ldots\ldots \quad (40)$$

la fraction $\left(\frac{BC}{AC}\right)$ me donnait la valeur du coefficient f cherché.

On voit donc que l'on peut déterminer le coefficient f par deux séries d'expériences différentes. J'ai remarqué que f obtenu dans les deux cas est toujours à peu près constant (de 2° à 3°) lorsqu'on avait soin de mouiller le plan incliné si l'on opérait d'après là seconde méthode, ou le disque coupeur du coupe-racines si l'on faisait l'expérience directement sur la machine.

Ce frottement suit bien la loi générale du frottement de glissement et *il est inversement proportionnel avec le degré de polissage du corps frottant* (disque coupeur).

Pour montrer les différences qu'il y a entre les plateaux en fonte brute et les plateaux en fonte bien plane et bien polie, j'ai dressé le tableau suivant, dans lequel f_1 désigne la valeur du coefficient de frottement dans le cas d'un plateau en fonte brute et f_2 pour le cas d'un plateau bien poli :

Tableau des coefficients de frottement des racines et des tubercules.

NUMÉRO de la série d'expériences.	DÉSIGNATION DES RACINES.	VALEUR DE		OBSERVATIONS
		f_1	f_2	
A	Betterave jaune ovoïde des Barres	0,348	0,320	
B	— blanche à collet rose	0,480	0,390	Si les coefficients f_1 et f_2, pour cette variété, sont assez élevés, c'est que les racines étaient déjà molles et altérées.
C	— blanche à collet gris	0,370	0,350	
E	— blanche à collet vert	0,370	0,320	
D	— corne-de-bœuf	0,500	0,420	
F	— blanche à sucre améliorée, Vilmorin.	0,370	0,340	
G	— disette d'Allemagne	0,370	0,330	
H	— globe rouge	0,370	0,340	
I	— globe jaune	0,370	0,320	
J	— blanche à sucre impériale	0,370	0,310	
K	— jaune des Barres	0,370	0,330	
M	Topinambours et pommes de terre	0,413	0,372	
X	Carottes, panais, navets, etc.	0,355	0,298	
	Moyenne générale	0,381	0,321	

Si les carottes, les panais, les navets (et probablement les turneps et autres racines analogues) ont donné un coefficient plutôt plus faible que celui des betteraves, cela tient évidemment à ce que dans ces racines le suc n'a pas la même richesse en sucre que le jus des betteraves, et le liquide interposé entre le corps frotté et le corps frottant est un liquide moins collant.

Les topinambours présentent, comme les pommes de terre, un coefficient qui est de 0,413 pour f_1 et de 0,372 pour f_2. Ce coefficient est assez élevé par rapport aux autres, mais il est facile de remarquer que la section des tubercules n'est pas absolument identique à celle des betteraves, car ici les grains de matière amylacée que les cellules ouvertes laissent échapper viennent s'interposer entre les deux corps frottants en faisant l'effet de petits grains de sable, car nous savons qu'il suffit d'écraser de la fécule ou de l'amidon entre ses doigts pour lui reconnaître une constitution sableuse, ce sont ces grains de fécule qui rendent le frottement de glissement plus difficile, et par conséquent les coefficients f_1 et f_2 seront plus élevés que pour les racines.

La richesse en eau des racines semble être indifférente de la valeur du coefficient f, cela se comprend aisément, une fois que le disque est bien recouvert d'humidité, mais elle a une influence notable sur le nombre de tours que le disque coupeur doit effectuer jusqu'à ce que celui-ci atteigne le degré d'humidité nécessaire.

C'est-à-dire que si, par exemple, les pommes de terre contiennent 75 p. 100 d'eau et les turneps 90 à 92 p. 100, il est clair que si nous désignons par n le nombre de tours que le plateau doit faire pour arriver à se recouvrir d'une couche d'eau nécessaire dans le cas où la trémie serait chargée des turneps et m lorsqu'elle est chargée de pommes de terre, on a l'égalité suivante :

$$a . n = b . m \quad \ldots\ldots \qquad (41)$$

si a désigne la quantité d'eau contenue dans les turneps (quantité donnée par un tableau suivant) et b la quantité d'eau contenue dans les pommes de terre, on a, en remplaçant a et b par leurs valeurs respectives :

$$n . (0{,}92) = m . (0{,}75)$$

d'où je tire $m > n$.

Donc il faudra, lorsque la trémie sera chargée de pommes de terre, faire faire au disque coupeur un plus grand nombre de tours que dans le cas où elle serait chargée de turneps, pour obtenir la même couche lubrifiante maximum en supposant que les chargement soient identiques, ou, en d'autres termes, on a le théorème suivant :

Le nombre de tours que le disque coupeur doit faire pour se recouvrir de la couche lubrifiante, est inversement proportionnel à la richesse en eau des racines.

Je donne ci-contre un tableau indiquant la quantité d'eau *moyenne* de diverses racines et tubercules [1].

1. Les chiffres du tableau précédent, donnant la quantité d'eau contenue dans les racines et les tubercules, ne sont que des *moyennes probables* et sont pour la plupart pris sur les racines à l'époque de la récolte ; plus leur conservation se prolonge, plus leur quantité d'eau diminue et plus leur densité augmente ; pour le montrer, j'ai dressé le petit tableau suivant qui donne les résultats d'analyses que j'ai faites à diverses dates au laboratoire de chimie

Tableau donnant la quantité d'eau contenue dans différentes racines et tubercules.

NUMÉROS.	RACINES ET TUBERCULES.	EAU MOYENNE.
		p. 100.
1 (*a*)	Batate	83,0
2	Chicorée	80,0
3	Pommes de terre	75,0
4	Colrave (chou-rave)	86,7
5	Courge	94,5
6	Chou-navet	87,6
7	Carotte	85,6
8	Carotte géante	87,0
9	Panais	88,3
10	Betterave champêtre	88,0
11	— globe jaune	66,0
12	— blanche	91,5
13	— à sucre	81,5
14	Topinambour	80,0
15	Turneps	92,0
16 (*b*)	Betterave disette	82,81
17	— blanche	78,69
18	— de Silésie	81,60
19	— jaune des Barres	80,50
20	— globe jaune	79,35
21	— rouge	80,05

(*a*) Chiffres extraits du Cours de zootechnie par M. Sanson, tome I.
(*b*) Extraits du Cours d'agriculture de M. Moll (1re année, 1878-1879).

(à Joinville), l'ensilage de ces racines datant du commencement du mois de novembre 1880.

TABLEAU MONTRANT LA VARIABILITÉ DE LA QUANTITÉ D'EAU DES RACINES.

Dates des expériences.	Racines.	Eau.
30 novembre 1880.	Betterave jaune des Barres	0,94
18 mars 1881	Id. id.	0,87
21 —	Id. id.	0,82
29 —	Id. id.	0,71
23 —	Betterave blanche collet rose	0,72
25 —	Betterave corne-de-bœuf	0,76
24 —	Betterave blanche collet gris	0,72
26 —	Betterave blanche collet vert	0,78
28 —	Betterave disette d'Allemagne	0,91
26 avril 1881	Id. id.	0,70
28 mai 1881	Betterave améliorée Vilmorin	0,80
29 —	Betterave globe rouge	0,95
29 —	Betterave globe jaune	0,94
30 —	Betterave sucre impériale	0,75
6 avril 1881	Topinambours	0,78

Quoi qu'il en soit, nous voyons par le tableau précédent que la différence entre les valeurs de f_1 et f_2, c'est-à-dire du coefficient de frottement dans le cas d'un plateau en fonte brute et d'un plateau bien poli est assez considérable, car elle atteint presque $^1/_{10}$ du coefficient total.

Une conséquence pratique est naturellement dérivée de ce tableau, *c'est que tous les disques coupeurs doivent toujours être bien polis.*

Maintenant que nous connaissons la valeur de f dans la formule (35), nous pouvons l'appliquer aisément ; mais j'ai fait remarquer qu'il ne faut pas donner à Q le poids absolu des racines qui sont mises dans la trémie ; au contraire, que ce poids suit une certaine loi.

§ 3. — *Recherche de la valeur de Q (de $F = f.\ Q$).* — Nous avons vu que la trémie de tous les coupe-racines, dépulpeurs et râpes (lorsqu'il n'y a pas de poussoirs), qu'ils soient à disque vertical ou à disque conique, est toujours inclinée sur l'horizontale ; nous pouvons négliger les côtés latéraux de la trémie qui servent uniquement à maintenir les racines et à les empêcher de se déjeter à droite ou à gauche. — Si AB (*fig.* 11) représente le fond de la trémie considérée, la ligne verticale vv' étant le disque coupeur, s'il est à plateau, et tt' si le disque est conique ou cylindrique dont le centre serait en R, l'arbre se verrait en projection sur le point R ; ici la forme du disque importe peu, la pression que les racines y exerce étant la même.

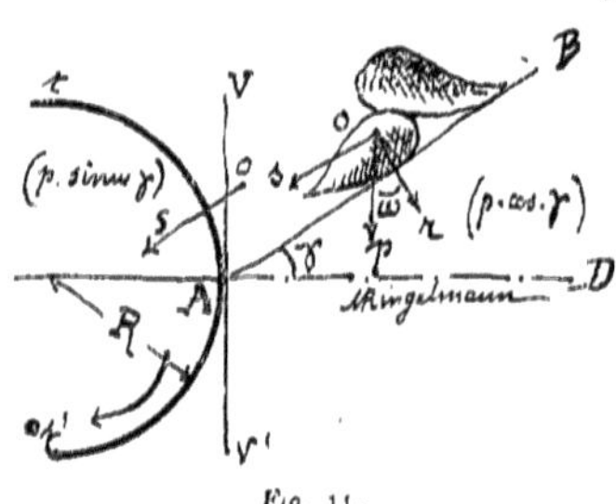

Fig. 11.

La trémie AB fait avec la ligne horizontale AD un certain angle (γ), l'action que la pesanteur *op* exerce sur une betterave O peut se décomposer en deux autres forces : l'une *or* qui presse la betterave contre le plan (nous ne nous en occuperons pas ici), l'autre *os* qui tend à la faire descendre vers le point A, c'est-à-dire à l'amener contre le disque vv' ou tt', la pression qu'elle y exercera sera encore (quelle que soit la forme du disque) égale à *os* ; il se passerait la même chose si nous supposons 2, 3,... x racines dans la trémie, à la condition que *op* désigne le poids de ces 2, 3... x racines ; le problème revient à chercher la valeur de *os* :

$$os = p \frac{BD}{AB}$$
$$= p \sin \gamma$$

et comme $os = Q$ en donnant à Q la valeur qu'il a dans l'équation (35), on a :

$$Q = p \sin \gamma \ . \ . \ . \ . \ . \ . \qquad (42)$$

On voit, en discutant la formule 42, que plus γ augmente, c'est-à-dire plus le fond de la trémie se rapproche de la verticale vv', plus le ($\sin \gamma$) augmente et, par suite, Q augmente aussi ; cela revient à dire que si $\gamma = 0$ ou que le fond de la trémie AB coïncide avec l'horizontale AD, Q serait nul ; mais on ne peut pas faire $\gamma = 0$, car alors les racines ne pourraient plus descendre pour s'appuyer contre le disque ; on voit, d'une autre part, que dans les machines à disque plan horizontal, ou bien cylindrique, dans lesquelles le disque coupeur forme le fond de la trémie, la valeur de Q serait égale au poids des racines qui agit ($Q = p$) et serait par conséquent plus grand que dans une trémie dont le fond serait incliné à l'angle de ($90° - x$).

La force F de la formule (35) est appliquée sur le centre de résistance ; on peut facilement la ramener en travail à dépenser sur une poulie de rayon R en appliquant la formule (10) dans laquelle p serait égal à F, c'est-à-dire à ($f.$ Q) et l'on aurait :

$$T_f = n.(f.\ Q).\ 2\ \pi\ R \left(\frac{r}{R}\right) \ . \ . \ . \ . \qquad (43)$$

Dans la formule 43, nous avons un terme constant, quelle que soit la forme de la machine ($n.\ 2\ \pi\ r.\ f$), que nous pouvons désigner par U, et on aurait alors deux formules :

1° Machine à trémie inclinée de $\gamma°$:

$$T_1 = U.\ p \sin \gamma.\ .\ . \qquad (44)$$

2° Trémie à parois verticales, l'angle $= 90°$ ($\sin 90° = 1$) ; on a :

$$T_2 = U.\ p.\ .\ .\ .\ .\ . \qquad (45)$$

or, les valeurs de U étant constantes, on voit que

$$T_1 < T_2$$

ou mieux, ce qui reviendrait à dire qu'il faut *dans la construction de nos machines adopter une trémie inclinée*, car la force motrice nécessaire au frottement peut être réduite de moitié si, par exemple, la trémie est inclinée à 30°, car $\sin 30° = 0{,}50$.

CHAPITRE IV

L'EFFORT NET DE COUPE.

Nous venons d'étudier les deux premiers éléments de la formule générale, il faut, pour la compléter, entreprendre celle du dernier élément, c'est-à-dire celui que j'ai appelé l'effort net de coupe.

Jusqu'ici l'étude a été relativement facile, car les valeurs des coefficients ne s'écartaient pas beaucoup et l'on pouvait considérer les formules comme sensiblement exactes entre des limites assez rapprochées, mais maintenant, lorsque j'essaierai de donner les coefficients relatifs au coupage des racines, coefficients dérivés d'expériences semblables, nous les verrons varier dans des limites plus étendues, *car la constitution physique des racines et des tubercules n'est pas absolument homogène.*

Ainsi supposons, pour fixer les idées, qu'une lame d'une longueur donnée vient rencontrer une betterave, par exemple, et par son mouvement enlève un copeau, une tranche d'une certaine épaisseur en absorbant une certaine quantité de force motrice, si nous pouvions évaluer la dureté de la betterave, nous pourrions en tirer un rapport avec le travail absorbé. Mais prenons la betterave voisine, elle aura un coefficient de dureté différent, jamais ou très rarement on verra les résistances à la pénétration égales dans deux ou plusieurs racines; et encore je viens de parler en quelque sorte théoriquement, car il suffit de prendre quelques échantillons dans un silo pour remarquer qu'ils ne sont pas tous en bon état; au contraire, ils sont plus ou moins altérés soit par l'arrachage qui les blesse, soit par le transport qui les écrase. On est ici en présence du même fait qui se passe dans la chimie analytique des produits organisés, dans laquelle on a soin de faire remarquer que deux analyses, soigneusement faites, du même corps ont donné des résultats peu variables, il est vrai, mais encore ces résultats n'étaient-ils pas égaux.

D'après les nombreuses expériences que j'ai faites en vue de déterminer l'effort net de coupe, je crois que je suis obligé d'admettre mes résultats et, comme dans l'analyse chimique, d'en tirer une *moyenne.*

Je ferai remarquer que le coefficient de dureté de la betterave ou plutôt sa résistance à la pénétration peut être assimilée à une certaine loi ; ainsi faisons une hypothèse : supposons que la racine ait dans l'ensemble une constitution anatomique semblable, c'est-à-dire que les cellules soient de même forme et de mêmes dimensions, elles auraient la même quantité d'eau et la même résistance à la pénétration, c'est-à-dire la même dureté ; mais en réalité ce n'est qu'une hypothèse, car le microscope nous montre que la constitution anatomique des cellules n'est pas la même au centre qu'à la phériphérie, au sommet qu'à la base et que la racine tout entière ne peut être considérée comme une masse absolument homogène ; par conséquent, la dureté de la betterave n'est pas la même pour tous les points, et il s'ensuit que nous aurons autant de coefficients de dureté que nous y trouverons de parties distinctes (physiquement parlant).

J'avais pensé un moment chercher le rapport qui aurait existé entre le travail moteur agissant dans certaines conditions et la dureté, c'est-à-dire la quantité d'eau des racines ; mais ici, je me heurtais encore à un autre obstacle : j'évaluais bien la richesse en eau, mais ce n'était qu'une *moyenne,* tandis que le travail moteur variait énormément lorsque j'essayais des betteraves séparées et surtout différentes parties d'une même betterave, ainsi que je le montrerai plus loin.

La densité est l'élément que l'on peut déterminer le plus facilement avec assez de précision ; l'expérience étant rapide, elle permet de prendre plusieurs échantillons et d'avoir une moyenne assez exacte. Divisons une betterave en tranches 1, 2, 3, 4 (*fig.* 12) ; nous savons qu'elles n'ont pas toutes la même densité, et que la densité moyenne de la racine entière serait représentée par celle de la tranche n° 2[1]. C'est un élément qui peut entrer dans la détermination du travail moteur nécessaire pour couper un certain nombre de kilogrammes de racines.

Fig. 12.

1. D'après M. Grandeau, directeur de la Station agronomique de l'Est.

RECHERCHES EXPÉRIMENTALES

SUR LE

TRAVAIL NÉCESSAIRE A LA COUPE

I. — DESCRIPTION DE LA GUILLOTINE.

Pour rechercher quel était le travail utile employé pour couper les racines et les tubercules, j'ai fait construire, au mois de novembre dernier (1880), un appareil qui était ainsi disposé :

Il se composait en principe d'une lame A de coupe-racines (*fig.* 13) bien affûtée, fixée à un châssis CD de telle sorte que l'on pouvait l'incliner dans trois plans différents ; ce châssis pouvait, en outre, se charger de poids P; voici comment on opérait : on posait le couteau sur la betterave B avec une inclinaison donnée que l'on voulait étudier, puis on chargeait de poids jusqu'à ce que la lame pénétrât dans la racine et on avait ainsi une idée de la dureté ou de la ré-

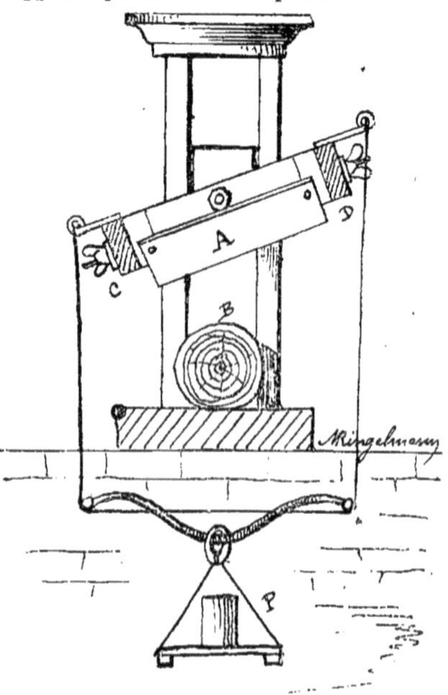

Fig. 13.

sistance à la pénétration de cette racine. Mais je reconnus bientôt qu'un inconvénient s'ajoutait à cet appareil : la lame n'étant pas animée de mouvement, elle ne pénétrait dans la racine que par la pression qu'elle y exerçait, et il suffisait quelquefois d'une légère poussée pour entraîner le couteau. Je remarquais néanmoins qu'il fallait une pression bien moins considérable pour faire pénétrer le couteau dans le corps de la betterave, une fois que celui-ci avait traversé la couche épidermique. Les résultats que me donna cet appareil ne peuvent pas être pris en considération.

Comme je le disais précédemment, l'inconvénient de cet appareil était le manque de vitesse de la lame ; un autre fut construit plus tard sur l'avis de M. Grandvoinet ; — j'ai été obligé de désigner cette machine du nom de *guillotine,* à cause de l'extrême ressemblance qu'elle présente avec l'instrument de justice ainsi désigné.

Description de la guillotine. — La guillotine se compose d'un couteau A (*fig.* 14) pouvant prendre différentes inclinaisons sur les tiges métalliques *d e f g* fixées sur une masse de bois C qui peut monter et descendre librement entre les deux montants verticaux MM et NN ; le frottement de la pièce C est, autant que possible, diminué par 4 galets placés en *d*, *e*, *f* et *g* qui roulent sur les faces internes des madriers MM et NN.

En *i* vient se fixer une solide corde qui passe ensuite sur les deux poulies J et K pour venir se terminer à l'autre extrémité par un plateau L que l'on peut charger de poids à volonté. Un crochet *o* vient se prendre dans un anneau fixé à la partie supérieure de la masse C, une corde *op* passe sur une autre poulie *s* et peut venir s'enrouler sur un arrêt *r*, au crochet est fixée une autre corde *oq* qui nous servira à donner le mouvement à la guillotine C A, au moment que nous désirerons.

A la partie inférieure, se trouve l'organe destiné à maintenir la betterave ; sur une planche G, qui repose, d'une part, sur une traverse du bâti HI et, d'autre part, sur des pieds J, sont fixées deux tiges filetées Q, munies d'écrous à oreilles P venant serrer la planchette R qui presse énergiquement la betterave S que l'on a découpée parallélipipédique ; on peut faire varier l'épaisseur en l'avançant plus ou moins ; lorsqu'elle est placée, on agit sur les écrous P qui la maintiennent immobile et l'on n'a plus qu'à la trancher.

Pour faire une expérience, les deux montants M et N sont placés presque verticalement, tout le poids de l'appareil se reportant sur la jambe de force F. Il s'agit de faire tomber le couteau sous l'action d'un certain poids ; pour cela, le plateau L va nous rendre service ; mais il faut avant tout déterminer les résistances passives que je désignerai par f et qui se composent du frottement de glissement et de roulement des galets, celui des poulies, la raideur des

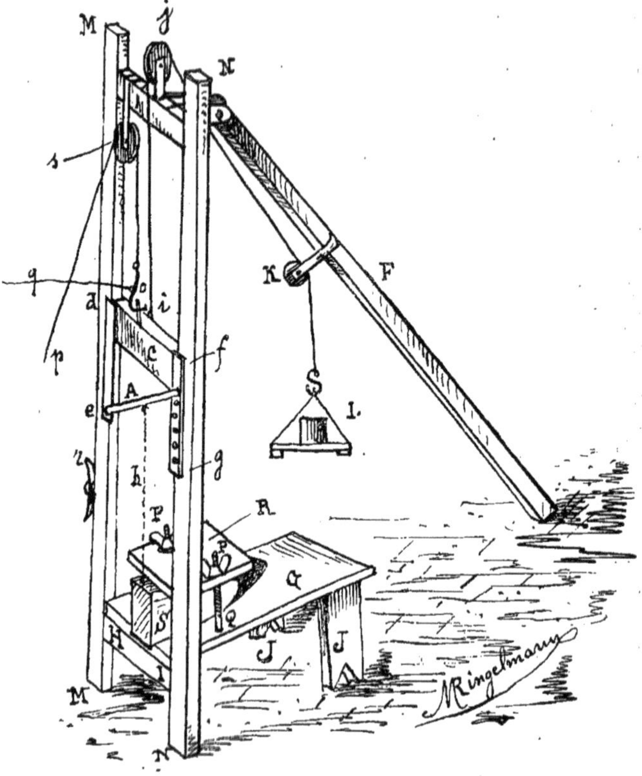

Fig. 14.

cordes passant sur ces poulies, etc, etc. — Pour y arriver expérimentalement, voici comment j'ai opéré : pour avoir un équilibre entre CA et L, il faut, si je désigne par P le poids de la guillotine CA et par p celui du plateau L, ajouter à p un poids additionnel a pour arriver à satisfaire l'équation (46) :

$$P = p + a. \quad . \quad . \quad . \quad . \quad . \quad (46)$$

d'où

$$a = P - p$$

de sorte que la corde est tendue à chaque extrémité par deux poids égaux et on a un équilibre constant, quelle que soit la hauteur à laquelle on arrête la masse *c*; supposons que *c* soit au point supérieur de sa course, L sera au point inférieur; il est évident que pour vaincre les résistances passives *f*, c'est-à-dire pour que *c* se mette en *mouvement uniforme*, il faudra ajouter à *c* un certain poids que je désigne par *b* et qui sera :

$$b = f. \quad . \quad . \quad . \quad . \quad . \quad . \quad . \qquad (47)$$

On a ainsi la valeur exacte de *f*, ce qui nous permettra de la faire entrer en ligne de compte dans le calcul.

Supposons que nous voulions que le couteau A tombe avec une force de $1^k,500$ net, c'est-à-dire déduite de *f*, il faudra que, P restant invariable, le plateau L soit chargé de

$$a - (1^k,500 + b). \quad . \quad . \qquad (48)$$

On peut donc savoir très exactement quelle est la force sous l'influence de laquelle le couteau se met en mouvement, et pour déterminer le travail moteur, il reste à savoir la hauteur de chute *h*; supposons-la fixée à $0^m,60$, on agit sur la corde *op*, puis, lorsque nous avons $h = 0,60$, on arrête le couteau en enroulant la corde *op* sur l'arrêt *r*, on sait maintenant que lorsque le couteau sera abandonné à lui-même, il arrivera sur la betterave S en ayant à dépenser un travail moteur de

$$0^m,60 \times 1^k,500 = 0,900 \text{ kilogrammètre.}$$

Pour donner le mouvement au couteau, c'est-à-dire lui permettre de descendre, on tire brusquement la corde *oq* qui détache le crochet *o* et le fait échapper de l'anneau qui maintenait le mouton C, celui-ci est alors entièrement libre; il descend, arrive sur la betterave avec une force de 0,900 kilogrammètre, la pénètre de x millimètres en hauteur sur z millimètres en largeur, il s'y arrête, il a donc dépensé *tout* son travail à couper une surface $s = x\,z$, pour une épaisseur y que l'on mesure également, et l'on a ainsi un certain coefficient.

Nous voyons que nous pouvons faire varier à l'infini les six éléments suivants :

1° Le travail moteur;

2° L'épaisseur de la tranche (y);

3° L'inclinaison de la lame;

4° La largeur prise (z) ;

5° Le sens du coupage ;

6° La variété de la betterave.

Mais avant de commencer l'étude séparée de ces éléments de la formule, je me vois obligé de prouver ce que j'ai énoncé en tête de ce chapitre, c'est-à-dire que *les racines et les tubercules n'ayant pas de constitution physique absolument homogène, il n'y a pas de formule absolument fixe, mais des coefficients se rapprochant plus ou moins d'une* MOYENNE.

Ainsi, si nous sectionnons une betterave dans les deux sens *ab* et *cd* (*fig.* 15), on voit de suite qu'il y a des zones concentriques les unes aux autres, alternativement transparentes et opaques ; si on étudie au microscope les deux tissus, on voit que le clair translucide est formé de larges cellules à parois minces, bondées de sucre et de corps salins, et les zones opaques sont formées de cellules à parois plus épaisses et plus résistantes que les précédentes. La zone claire offre donc moins de résistance à la pénétration que la zone foncée.

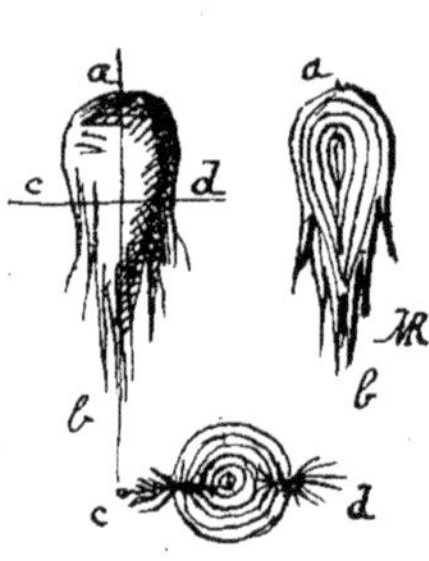

Fig. 15.

Supposons que nous avons essayé une betterave et que le couteau s'arrête en *a* (*fig.* 16); si, sans varier le travail moteur du couteau, nous découpons une quantité égale à *ab* ou une zone opaque et en soulevant la racine d'une quantité égale, le couteau devra s'arrêter en *b*, c'est-à-dire au commencement de la zone tendre, transparente, il enlèverait alors la même surface en dépensant le même travail moteur. Mais, au contraire, le couteau traversera toute la zone tendre *bc* et s'arrêtera soit en *c* à la naissance de la zone dure, soit après avoir un peu pénétré dans cette zone entre *c* et *d*. D'une autre part, si l'on conserve la couche épidermique *g*, couche toujours plus résistante, on observe un ralentissement du couteau, et la surface coupée est quelquefois moitié de celle que l'on couperait si elle avait été enlevée préalablement.

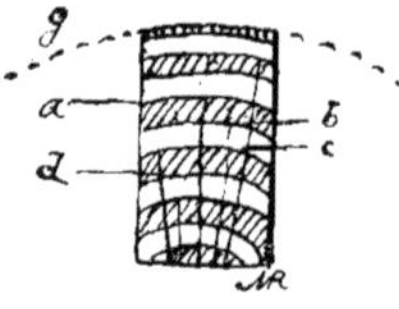

Fig. 16.

Ces quelques expériences nous prouvent suffisamment que les chiffres que j'ai obtenus à l'aide de la guillotine ne peuvent pas entrer dans les coefficients pratiques, mais, néanmoins, ils ont servi à diriger les recherches faites sur les coupe-racines et les dépulpeurs.

II. — CHOIX D'UNE BASE DE FORMULE.

Jusqu'ici, lorsque dans les concours on faisait des expériences sur les coupe-racines, on prenait comme base une unité très commode, il est vrai, mais fort peu exacte : le kilogramme.

Cette unité n'est pas fixe, car lorsque la durée de la conservation des racines et des tubercules augmente, leur quantité d'eau diminue, comme je l'ai fait voir par mes analyses (voir page 23), et la densité augmente; ainsi, pour les betteraves jaunes ovoïdes des Barres, au mois de novembre la densité était de 0,75 à 0,80, et en mai, juin, elle était 1,00, de sorte que le poids au volume est excessivement variable.

La base que j'ai adoptée est une *unité de surface coupée;* or, connaissant le travail t nécessaire pour couper une surface s à une épaisseur e, on peut ramener ce travail t pour un nombre de kilogrammes K coupés, car si d représente la densité, on a :

$$K = s.\ e.\ d. \quad . \quad . \quad . \quad . \qquad (49)$$

et l'on peut toujours déterminer d avec facilité.

Avant de passer aux expériences dynamométriques, je citerai quelques chiffres relatifs à la guillotine où j'étudierai :

1° L'épaisseur de la tranche ;

2° L'inclinaison de la lame ;

3° La largeur coupée.

III. — EXPÉRIENCES A LA GUILLOTINE.

§ 1. — *Épaisseur de la tranche.*

La place me manquant, obligé de restreindre mes tableaux, je ne citerai pas mes 200 expériences que j'ai faites à la guillotine en vue de rechercher l'influence de l'épaisseur de la tranche. D'une manière générale, les chiffres obtenus ont toujours été semblables à ceux que je viens de montrer. On voit que *le travail moteur nécessaire pour couper une unité de surface augmente avec l'épaisseur de la tranche*. L'accélération du coefficient semble varier avec l'individualité, car je n'ai pas obtenu deux courbes absolument identiques; il en résulte que le coefficient pratique ne pourra se tirer que des expériences directes sur les machines.

Numéro d'expérience.	Travail moteur du couteau.	Surface coupée.	Épaisseur de la tranche.	Travail pour couper 1 décimètre carré.
Betteraves blanches a collet gris. — Lame horizontale. — Série H.				
	kilogr. M.	c. carrés.	millim.	kilogr.
81	0,330	24,32	10,0	1,401
82	0,333	39,00	5,0	0,851
83	0,336	31,20	6,5	1,079
84	0,333	22,75	13,5	1,460
85	0,339	15,08	16,0	2,256
86	0,339	24,36	11,0	1,399
87	0,339	24,91	7,0	1,400
89	0,328	28,98	7,0	1,136
90	0,328	28,98	7,0	1,136
Betteraves jaunes ovoïdes des Barres. — Largeur de la tranche, 0,025. — Couteau horizontal. — Série M_1.				
177	0,040	6,0	5,0	0,660
178	0,040	5,0	8,0	0,800
179	0,040	9,0	3,0	0,450
180	0,040	6,25	4,5	0,634
Lame inclinée de 17° [1]. — Largeur, 0,100. — Série M_2.				
188	0,320	33,0	9,0	0,971
189	0,320	43,0	3,0	0,740
190	0,320	52,0	2,0	0,600
191	0,320	35,0	6,0	0,820

§ 2. — *Inclinaison de la lame.*

La disposition de la guillotine permet de pouvoir incliner la lame A dans 5 positions différentes (*fig.* 17); pour cela, le long du montant fg, 5 trous taraudés sont percés; sur le montant opposé de, un seul se trouve en e, au même niveau que le dernier en g; la lame peut tourner autour du point e, et on la fixe en face de l'un des 5 trous par un boulon x. Ce que j'ai appelé angle de la lame, c'est

1. Voir au § 2 l'explication de l'inclinaison de la lame.

l'angle α que fait le fil du tranchant avec la ligne *eg* normale au sens du mouvement; les 5 angles sont :

Inclinaison n°	1,	angle de	0°
—	2	—	10
—	3	—	17
—	4	—	26
—	5	—	33

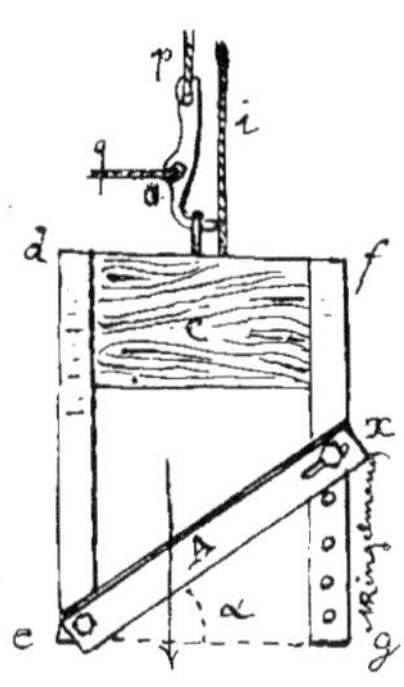

Fig. 17.

Toutes les expériences que j'ai faites en vue de déterminer l'influence de l'inclinaison de la lame m'ont donné des résultats analogues : il y a toujours eu (lorsque la racine était absolument homogène) un minimum de travail, et ce minimum a varié entre les limites extrêmes de 10° à 20°, soit 15° en moyenne. Pour abréger mon travail, je ne donne que 2 séries d'expériences.

Numéro de l'expérience.	Degrés d'inclinaison.	Épaisseur.	Travail par décimet. carré coupé.	Numéro de l'expérience.	Degrés d'inclinaison.	Épaisseur.	Travail par décimèt. carré coupé.
BETTERAVES JAUNES OVOÏDES des BARRES. Largeur de la tranche : 0,100.				BETTERAVES DISETTE D'ALLEMAGNE. Largeur coupée : 0,060.			
		millim.	kil. gr.			millim.	kil. gr.
196	0°	5	0,980	278	33°	5	1,275
197	10°	5	0,840	279	26°	5	1,100
198	17°	5	0,680	280	17°	5	1,054
199	17°	5	0,680	281	10°	5	0,750
200	26°	5	0,750	282	10°	5	0,750
201	26°	5	0,750	283	0°	5	1,000
202	33°	5	0,990				

Ici, comme dans le § 1, les betteraves dans la même variété, prises individuellement, ont donné une inclinaison minima qui leur est spéciale, mais la variation n'est pas grande, et je crois que l'on peut considérer le chiffre de 15° comme une moyenne assez exacte. Nous pouvons en faire l'application immédiate. Dans la plupart des coupe-racines, la lame est à 0°, c'est-à-dire normale à la direction du mouvement ; c'est une faute, il faut l'incliner à 15° sur cette direction, elle aura le profil d'une courbe.

1. — *Disques plans verticaux ou horizontaux.* — Le couteau devra

avoir la forme d'une spirale logarithmique ayant une inclinaison constante de 15°.

2. — *Disques coniques et cylindriques.* — La lame aura la forme d'une hélice qui serait engendrée par un triangle rectangle dont le sommet d'enroulement aurait un angle de 75°.

N. B. — L'avantage des lames courbes est facile à comprendre. J'avais en expérience un coupe-racines à disque plan vertical de Nicholson, ayant 2 lames courbes (c'étaient 2 lames de hache-paille), quoique la courbe ne fût pas logarithmique, elle me donnait encore un meilleur résultat, au point de vue du travail moteur absorbé, que les coupe-racines à lames droites dirigées suivant les rayons. Je citerai les chiffres plus loin.

§ 3. — *Largeur coupée.*

Les expériences à la guillotine montrent que la *longueur utile* de la lame, ou la *largeur coupée,* exerce une influence sur la quantité de travail moteur nécessaire pour couper une unité de surface. Pour étudier cette influence, je faisais mes expériences avec des parallélipipèdes, de longueur quelconque, découpés dans des betteraves et ayant (*fig.* 18) différentes largeurs, 1, 2, 4... Voici quelques résultats d'expériences.

Fig. 18.

Toutes les expériences faites dans cet ordre d'idées, et elles sont au nombre d'une centaine environ, ont donné des courbes semblables, ce qui me permet de dire que le travail moteur nécessaire pour couper une unité de surface est fonction de la largeur coupée, c'est-à-dire de la longueur utile de la lame.

Nous verrons plus loin que la longueur du couteau est l'élément qui agit le plus dans la détermination du coefficient principal de l'effort net de coupe.

Numéro.	Largeur coupée.	Travail moteur dépensé.	Surface coupée.	Épaisseur.	Travail pour couper 1 décimètre carré.
		BETTERAVES JAUNES OVOÏDES DES BARRES.			
		Couteau horizontal. — Série Ll_1.			
		kil. gr.	c. q.	mill.	kil. gr.
124		0,130	16,0	5,5	0,812
125	0,050	0,130	20,0	5,0	0,650
126		0,075	16,0	3,5	0,469
127		0,075	19,0	2,5	0,394
128		0,075	9,5	10,0	0,789
129	0,025	0,040	9,0	5,0	0,444
130		0,040	9,0	5,0	0,444
131		0,020	7,5	2,5	0,264
		Angle d'inclinaison : 10°. — Série Ll_2.			
133		0,070	14,0	3,0	0,600
134	0,050	0,070	11,5	4,0	0,608
135		0,070	16,0	2,5	0,437
136		0,070	8,0	6,0	0,875
137		0,035	6,0	6,0	0,583
138	0,025	0,035	11.25	3,0	0,318
139		0,035	9,0	3,5	0,378
140		0,035	6,25	5,0	0,560
		Angle d'inclinaison : 17°. — Série O.			
226		0,055	7,6	6,0	0,720
227	0,020	0,055	10,4	3,5	0,500
228		0,055	16,0	2,0	0,350
229		0,055	5,6	10,0	1,000
208		0,150	22,4	4,0	0,670
209		0,150	40.0	2,0	0,375
210	0,040	0,150	18,8	5,5	0,835
211		0,150	19,6	5,0	0,828
213-4		0,150	13,2	12,0	1,230
215		0,150	10,0	6,0	1,500 ?
241		0,215	19,8	6,0	1,150
242		0,215	27,0	4,0	0,770
213	0,000	0,215	18,0	6,0	1,150
244		0,215	24.0	5,0	0,870
245		0,215	42,0	2,0	0,500

CHAPITRE V

EXPÉRIENCES DYNAMOMÉTRIQUES

I. — LES TRANCHES.

§ 1. — *Résultats dynamométriques.*

J'ai fait voir, lorsque je parlais des expériences à la guillotine, que les résultats obtenus variaient avec chaque betterave prise en particulier, et si les chiffres dérivés de ces expériences nous montrent le chemin à suivre dans les essais dynamométriques, ils ne peuvent entrer, ainsi que je l'ai fait observer, dans la *formule pratique* de l'effort net de coupe.

De sorte que, pour avoir les coefficients relatifs à cette formule pratique, il a fallu faire les expériences sur les machines elles-mêmes, coupe-racines, dépulpeurs ou autres. Une centaine d'essais dynamométriques ont été faits antérieurement à la construction de la guillotine, ils ne reposent donc pas sur les bases que cet appareil nous a apprises, je les passerai sous silence et je ne citerai que les résultats que j'ai obtenus des expériences suivantes.

Je n'expliquerai pas la méthode que j'ai suivie dans mes essais dynamométriques, car je l'ai décrite et discutée longuement au commencement de ce rapport, dans le chapitre 1 qui traite de la détermination de la formule générale.

Les machines en expériences étaient au nombre de 4 et ont chacune leur numéro d'ordre suivant :

Machine n° 1. — Coupe-racines à disque plan vertical, 4 lames droites, construit par M. Pécard, de Nevers-Paris.

Machine n° 2. — Coupe-racines à disque plan vertical, 4 lames droites, du type Delano.

Machine n° 3. — Coupe-racines à disque plan vertical, 2 lames courbes de Nicholson.

Machine n° 4. — Coupe-racines à disque conique horizontal à 6 lames courbes du type Delano.

Voici quelles étaient les dimensions principales de ces machines :

	DÉSIGNATION DES MACHINES.			
	N° 1.	N° 2.	N° 3.	N° 4.
Diamètre du disque	0m,620	0m,642	0m,660	g. 0m,590 p. 0 ,100
Nombre des lames	4 droites.	4 droites.	2 courbes.	6 droites.
Longueur utile d'une lame — pleine pour tranches	0m,245	0m,250	0m,460	0m,296
Longueur utile d'une lame — dentée pour cossettes	0 ,120	0 ,128	»	0 ,166
Longueur totale des lames — à tranches	0 ,980	1 ,000	0 ,920	1 ,776
Longueur totale des lames — à cossettes	0 ,480	0 ,512	»	1 ,000
Angle (α) d'inclinaison du fond de la trémie (avec l'horizontale)	63°	60°3	58°	70°
Valeur de ($\sin. \alpha$)	0,891	0,870	0,848	0,940
Valeur du rayon (r) du centre de résistance	0m,210	0m,214	0m,220	0m,121
Valeur du rayon R de la manivelle dynamométrique		0m,363		
Valeur de la fraction $\left(\frac{R}{r}\right)$	1 ,728	1 ,696	1 ,650	3 ,000
Valeur de ($2 \pi r$)	1 ,320	1 ,345	1 ,395	0 ,380

Je donne ici l'exposé des 13 premières séries d'expériences dynamométriques comprenant 85 essais, les 7 autres suivantes sont faites en vue d'étudier spécialement quelques éléments de la formule ; elles comprennent une quarantaine d'expériences dynamométriques.

TABLEAU.

Numéro de l'expérience.	Numéro de la machine.	Nombre de tours.	Poids coupé.	Surface donnée par 1 kilo.	Surface totale coupée.	Épaisseur moyenne.	EFFORT SUR LA MANIVELLE total en charge.	à vide.	utile.	EFFORT SUR LE CENTRE DE RÉSISTANCE utile.	frottant.	net de coupe.	Travail par mètre carré coupé.	Nombre de tours pour couper 1 m. q.
1	2	3	4	5	6	7	8	9	10	11	12	13	14	15
Série A. — BETTERAVES JAUNES OVOÏDES DES BARRES. — Coeff. frott. : fer poli 0,320 ; fonte 0,348.														
			kilog.	m. c.	m. c.	m/m	kilog.	kilog.	kilog.	kilog.	kilog.	kilog.	kgrm.	tours.
100	1	61	10,9	0,42	4,58	3,5	4,10	1,38	2,72	4,70	0,930	3,77	67,4	14,0
101	2	61	16,0	0,33	5,28	3,35	5,78	1,20	4,57	7,75	0,932	6,82	107,0	11,7
102	3	61	15,0	0,20	3,00	5,6	5,28	0,90	4,37	7,21	0,87	6,34	178,9	20,3
103-4	3	44	7,4	0,25	1,90	0,25	3,85	0,90	2,94	4,85	0,87	3,98	133,3	22,4
105-6	4	50	22,5	0,30	6,75	4,50	7,01	0,71	6,29	18,87	0,98	17,89	50,7	8,4
107-8	1	50	12,8	0,38	4,85	3,25	6,08	1,38	4,70	8,12	0,93	7,19	98,8	10,5
109-0	2	50	13,0	0,36	4,68	3,35	5,91	1,20	4,71	7,95	0,93	7,02	113,0	10,9
111-2	4	35	14,4	0,29	4,18	5,0	5,87	1,02	4,34	13,02	0,98	12,04	39,0	8,8
113	4	30	8,2	0,29	2,38	5,0	5,29	1,02	4,26	12,78	0,93	11,80	41,6	8,8
Série B. — BETTERAVES BLANCHES A COLLET ROSE. — Coeff. frott. : fer poli 0,390 ; fonte 0,480.														
114-5	4	20	8,5	0,26	2,27	5,25	6,14	1,06	5,08	15,24	1,25	13,98	48,3	9,09
116-7	1	25	6,0	0,32	1,95	4,0	5,32	1,18	4,14	7,15	1,25	5,09	103,0	13,10
118-9	2	25	6,2	0,30	1,91	3,75	4,32	1,03	3,24	5,50	1,25	4,20	77,0	12,90
120-1	3	24	6,2	0,16	0,99	7,5	5,64	1,08	4,56	7,52	1,65	5,87	216,4	16,4
122	3	40	11,7	0,16	1,87	7,5	5,32	1,08	4,92	8,10	1,65	6,45	204,8	22,2
123	3	23	3.0	0,16	1,87	7,3	6,00	1,08	4,21	7,00	1,65	5,35	95,0	26,0
123'	3	26	8,0	0,16	1,28	7,5	6,00	1,08	4,24	7,00	1,65	5,35	116,0	21,6
Série C. — BETTERAVES BLANCHES A COLLET GRIS. — Coeff. frott. : fer poli 0,350 ; fonte 0,370.														
124-5	3	30	7,9	0,14	1,10	8,0	4,0	0,32	3,68	5,88	0,93	4,95	187,5	27,25
126-7	4	30	12,0	0,28	3,43	5,0	6,54	1,44	5,10	15,30	1,05	14,25	47,7	8,8
133	1	30	7,0	0,34	2,40	4,5	4,72	1,48	3,28	5,64	0,98	4,66	76,6	13,0
134-5	2	40	11,5	0,29	3,40	3,7	5,88	0,82	5,06	8,50	0,98	7,52	120,0	12,0
136-7	2	30	8,4	0,31	2,66	3,7	4,72	1,28	3,44	5,78	0,98	4,80	74,2	12,0
Série D. — BETTERAVES CORNE-DE-BŒUF. — Coeff. frott. : fer poli 0,420 ; fonte 0,500.														
128-9	4	20	7,6	0,27	1,50	5,0	4,80	1,32	3,48	10,41	1,44	9,00	45,5	13,0
130-1	1	20	3,8	0,26	0,98	4,5	5,30	0,96	4,33	7,40	1,35	6,05	176,0	22,0
Série E. — BETTERAVES BLANCHES A COLLET VERT. — Coeff. frott. : fer poli 0,320 ; fonte 0,370.														
139-0	2	40	8,4	0,33	2,78	3,75	6,40	1,48	4,92	8,31	0,98	7,33	262,0	15,0
141	3	40	8,6	0,17	1,47	8,5	4,66	1,60	3,06	4,95	0,93	4,02	285,0	28,0
142-3	4	40	16,0	0,25	3,00	5,5	6,54	1,12	5,42	17,10	1,05	16,05	60,0	13,0
144-5	1	40	10,9	0,24	2,40	4,4	5,82	0,92	4,90	8,42	0,98	7,44	322,0	16,5
146	1	20	3,9	0,42	1,64	3,25	6,60	1,00	5,60	9,63	0,98	8,65	281,0	12,7
Série F. — BETTER. BLANCHES A SUCRE AMÉLIORÉES, VILMORIN. — Fer poli 0,340 ; fonte 0,370.														
147-8	2	20	5,1	0,29	1,48	4,0	6,56	1,08	5,48	9,25	0,98	8,27	142,3	12,8
149-0	2	20	6,3	0,24	1,53	5,0	6,60	1,08	5,52	9,32	0,98	8,44	146,2	13,0
151-2	2	30	6,1	0,29	1,77	3,5	6,00	0,88	5,12	8,66	0,98	7,78	135,7	11,8
Série G. — BETTERAVES DISETTE D'ALLEMAGNE. — Coeff. frott. : fer poli 0,330 ; fonte 0,370.														
153-4	2	20	5,3	0,28	1,51	4,0	5,46	1,26	4,20	7,12	0,92	6,19	110,0	13,3
155-6	2	20	6,3	0,27	1,73	4,2	6,52	0,88	5,64	9,56	0,92	8,63	136,8	11,7
157-8	2	30	5,1	0,34	1,75	3,5	4,90	0,88	4,04	6,85	0,92	5,92	130,1	17,6
Série H. — BETTERAVES GLOBE ROUGE. — Coeff. frott. : fer poli 0,340 ; fonte 0,370.														
159-0	2	25	5,4	0,37	1,98	3,25	4,88	0,88	4,00	6,76	0,98	5,78	100,75	13,0
Série I. — BETTERAVES GLOBE JAUNE. — Coeff. frott. : fer poli 0,320 ; fonte 0,370.														
161-2	2	20	3,9	0,32	1,38	3,5	4,80	0,80	4,00	6,76	0,98	5,78	116,25	15,0
163-4	2	20	5,4	0,26	1,35	4,5	5,76	0,80	4,96	8,39	0,98	7,41	148,95	15,0
Série J. — B. BLANCHES A SUCRE IMPÉRIALES. — Coeff. frott. : fer poli 0,310 ; fonte 0,370.														
165-6	2	20	3,5	0,35	1,24	3,5	5,60	0,88	4,72	8,00	0,98	7,02	150,0	16,0
167-8	2	25	8,1	0,30	2,44	4,5	6,30	0,92	5,38	9,12	0,98	8,14	109,1	10,0
Série K. — B. JAUNES DES BARRES. — Coeff. frott. : fer poli 0,330 ; fonte 0,372.														
169-0	2	25	5,9	0,34	2,03	3,50	4,80	0,92	3,88	6,56	0,98	5,58	94,0	12,5
171-2	2	25	8,1	0,26	2,10	4,50	5,48	0,80	4,68	7,95	0,98	6,97	117,0	12,5
Série L. — Mélange de H. I. J. et K.														
173-4	2	64	21,0	0,23	5,50	4,50	5,5	0,84	4,66	7,90	0,98	6,92	120,0	12,8
Série M. — TOPINAMBOURS. — Coeff. frott. : fer poli 0,372 ; fonte 0,413.														
175-6-7	2	30	9,9	0,24	2,40	4,25	4,80	1,04	3,76	6,37	1,05	5,32	89,4	12,5
178	3	30	9,0	0,13	1,18	5,00	4,60	1,28	3,32	5,48	1,05	4,43	166,8	27,25
179	4	30	12,8	0,25	3,28	3,25	5,30	0,56	4,74	14,22	1,16	13,05	41,42	9,4
180	1	30	6,9	0,30	2,07	2,0	5,10	1,12	3,98	6,87	1,10	5,77	124,3	
181	1	60	15,2	0,30	4,56	2,0	6,20	1,12	5,08	8,77	1,10	7,67	134,9	14,6
182	1	20	2,9	0,30	0,87	2,0	4,40	1,12	3,28	5,54	1,10	4,44	146,5	

Avant de citer les chiffres relatifs aux autres séries, nous pouvons déjà tirer des précédents quelques éléments de notre formule.

§ 2. — *Nombre de tours pour couper 1 mètre carré.*

La détermination du travail moteur nécessaire au coupage de 1 kilogr. de racines ou de tubercules dépend de 3 facteurs, savoir:

1° De l'effort moyen exercé ;

2° Du nombre de tours pour couper 1 kilogr. ;

3° De la circonférence décrite par l'effort.

Nous connaissons le 3e, si nous connaissons aussi le 1er (nous le chercherons plus loin), il nous reste, afin de déduire le travail, de connaître le 2e facteur.

La base de nos expériences étant la surface et non le kilogramme, j'ai donné la formule (49) qui nous servira à transformer le coefficient de la surface en nombre de tours T pour couper 1 kilogr. de racines, car on avait :

$$K = s.\ e.\ d.\ .\ .\ .\ .\ .\quad (49)$$

Or, nous connaissons le nombre de tours T pour couper k kilogr., on en déduit facilement celui T′ pour couper x kilogr. Mais, est-ce que le nombre de tours nécessaire pour couper une surface de 1 mètre carré est constant ou à peu près constant ?

Comme il s'agit ici d'une surface et non d'un poids, tout fait prévoir une *constante*, à condition toutefois que l'état de chargement de la trémie soit le même et que la vitesse, toujours identique, soit uniforme, ce qui a toujours été dans toutes les expériences. Mais il ne faut pas s'attendre à avoir un coefficient rigoureux, car il suffit qu'une betterave ne descende pas, qu'il se fasse une sorte de voûte pour que l'on tourne un ou deux tours sans couper.

Le tableau suivant donne le nombre de tours nécessaire pour couper une surface de 1 mètre carré extrait du tableau des 13 séries d'expériences; à côté, il y a une colonne qui a pour titre : *Longueur utile de lame;* elle a été obtenue en multipliant le nombre de tours pour couper 1 mètre carré, par le nombre des lames du disque et par la longueur d'une lame.

Tableau de la longueur utile de la lame (1).

SÉRIES, FORMES ET VARIÉTÉS.	NUMÉRO D'ORDRE DES MACHINES.							
	No 1.		No 2.		No 3.		No 4.	
	Longueur totale.	Nombre de tours.	Longueur totale.	Nombre de tours.	Longueur totale.	Nombre de tours.	Longueur totale.	Nombre de tours.
1. *Forme globuleuse.*								
H, globe rouge	—	—	13,0	13,0	—	—	—	—
I, globe jaune.	—	—	15,0	15,0	—	—	—	—
2. *Forme ovoïde.*								
A, jaune des Barres. . . .	10,55	14,0	11,70	11,7	18,67	20,3	14,85	8,4
— — — . . .	10,29	10,5	10,90	10,9	21,50	23,4	15,55	8,8
— — — . . .	—	—	—	—	—	—	15,55	8,8
B, blanche à collet rose. .	29,25[1]	13,10	12,90	12,9	15,0	16,4	15,95	9,09
— — — . .	—	—	—	—	20,45	22,2	—	—
— — — . .	—	—	—	—	19,87	21,6	—	—
C, blanche à collet gris. .	12,75	13,0	12,0	12,0	24,55	27,25	15,55	8,8
— — — . .	—	—	12,0	12,0	—	—	—	—
— — — . .	—	—	12,0	12,0	—	—	—	—
E, blanche à collet vert. .	16,18	16,5	15,0	15,0	25,77	28,0	22,15[3]	13,0
— — — . .	12,45	12,7	—	—	—	—	—	—
— — — . .	16,67	17,0	—	—	—	—	—	—
K, jaune des Barres. . . .	—	—	12,50	12,5	—	—	—	—
— — — . . .	—	—	12,50	12,5	—	—	—	—
F, améliorée Vilmorin . .	—	—	12,80	12,8	—	—	—	—
— — — . .	—	—	13,0	13,0	—	—	—	—
— — — . .	—	—	11,80	11,8	—	—	—	—
J, blanche à sucre impériale	—	—	16,0	16,0	—	—	—	—
— — — —	—	—	10,0	10,0	—	—	—	—
L, mélange de H, I, J, K .	—	—	12,80	12,8	—	—	—	—
3. *Forme allongée.*								
D, corne-de-bœuf.	21,55[2]	22,0	—	—	—	—	23,10[4]	13,0
G, disette d'Allemagne . .	—	—	13,30	13,3	—	—	—	—
— — — . .	—	—	11,70	11,7	—	—	—	—
— — — . .	—	—	17,60	17,6	—	—	—	—
4. *Petite forme ronde.*								
M, topinambour.	14,3	14,6	12,50	12,5	27,05	27,25	16,70	9,4
— —	14,3	14,6	—	—	—	—	—	—

1. Nous observons les cas 1, 2, 3, 4, dans lesquels il y a eu désordre dans la régularité de l'alimentation. Comme je l'ai déjà fait observer, c'est dû à la formation des voûtes qui maintiennent immobiles les racines écartées du disque coupeur ; cet inconvénient peut être corrigé, jusqu'à un certain point, en adoptant une trémie d'une forme particulière (voir plus loin).

La colonne de la machine n° 3 présente en général un trop grand nombre de tours, dus à deux vices de construction : 1° la trémie est à double pente (je l'expliquerai plus loin), et 2° la lumière est mal comprise pour le dégagement de la tranche suivant *b* (*fig.* 19 — X); une fois que le couteau est chargé, il y a coincement en *a*, la racine s'arrête et sort difficilement en *b*, et le couteau repousse les autres racines sans les couper; il faudrait disposer la lumière comme dans la figure (Y) où l'angle A de dégagement doit être le plus grand possible; quant à B, il intéresse l'effort de coupe et doit être le plus petit possible.

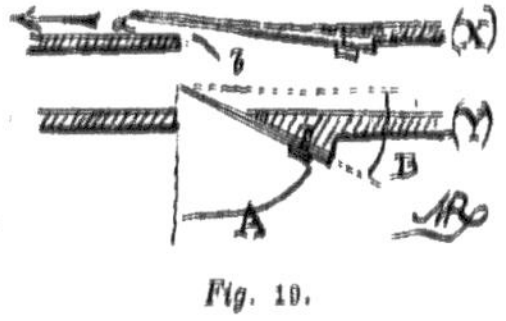

Fig. 19.

Sur les 85 expériences dynamométriques, en en négligeant 7 de la machine n° 3 et 4 autres cas, les chiffres sont à peu près constants entre les coupe-racines à disques plans et coniques.

La moyenne ne peut s'obtenir qu'à l'aide des chiffres (sauf les cas anormaux) de la colonne donnant la longueur totale de la lame (pratique); les valeurs oscillant entre le minimum 10 mètres d'une part et le maximum 15-16 et 17,50 d'autre part.

La moyenne fournie par le calcul a été :

Pour la machine n°	1	13^{m},448,	soit en pratique	13^{m},50
—	2	13 ,551	—	13 ,55
—	3	15 ,000	—	15 ,00 (cas unique)
—	4	15 ,690	—	15 ,70

On observe que le coefficient de la machine 4 est plus fort que celui des autres, car les betteraves ont, dans les machines coniques et cylindriques, une tendance au roulement et augmentent un peu le nombre de tours pour couper 1 mètre carré; cet inconvénient serait facile à réparer en adoptant une forme de trémie qui serait rationnelle.

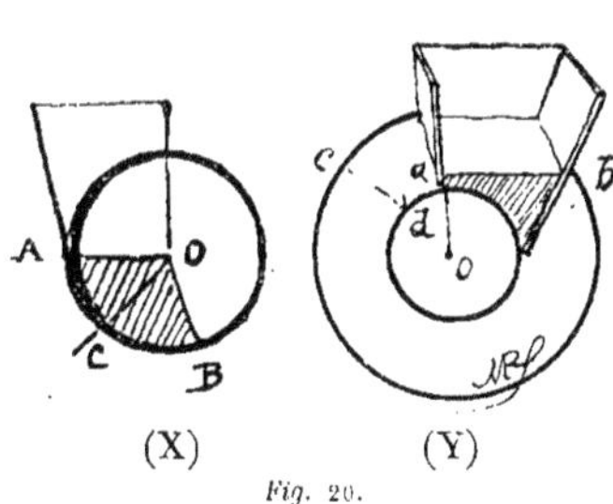

Fig. 20.

Mais si, en faisant la part des choses, nous voulons faire la moyenne générale des 4 machines, on trouve 14^{m},43, soit en pratique, 14^{m},50. — Je vais essayer de donner l'explication de ces chiffres.

L'alimentation a été faite, dans les coupe-racines à disque plan, de telle sorte que les racines (X, *fig.* 20) arrivent toujours en OA, ligne horizontale passant par le centre O du disque. — On avait un triangle AOB dont la surface était $AB\frac{OC}{2}$, mais OC = rayon r' du disque coupeur et AB = $^1/_4$ de la circonférence, soit $\left(\frac{2\,\pi\,r'}{4}\right)$ de sorte que la surface s de AOB est :

$$S = \frac{2\,\pi\,r'\,r'}{4.2} = \frac{\pi\,r'^2}{4}$$

Pour le coupe-racines à disque conique (Y), la surface prise était le rectangle de longueur $cd = l$ du cône et d'une hauteur

$$oa = \frac{2\,\pi\,r'}{4}, \quad \text{d'où } S = l.\,\frac{\pi\,r'}{2}$$

En appliquant ces formules, on obtiendrait la surface que prend 1 lame, d'où l'on déduit le nombre *théorique* de tours nécessaire pour couper une surface donnée.

Mais on peut arriver par un autre procédé à la détermination du coefficient relatif à la longueur de lame pratiquement nécessaire pour couper 1 mètre carré de tranches ; nous avons, d'une part, la longueur totale de la lame nécessaire au coupage de 1 mètre carré, si nous supposons une lame droite ayant comme longueur la longueur totale pratique, il faudrait qu'elle tombe d'une hauteur h (*fig.* 21) qui est égale au $^1/_4$ de la circonférence décrite par le centre de résistance, c'est-à-dire $\left(\frac{2\,\pi}{4}\cdot\frac{2}{3}r'\right)$, dans lequel $\left(\frac{2\,r'}{3}\right)$ est le rayon du centre de résistance.

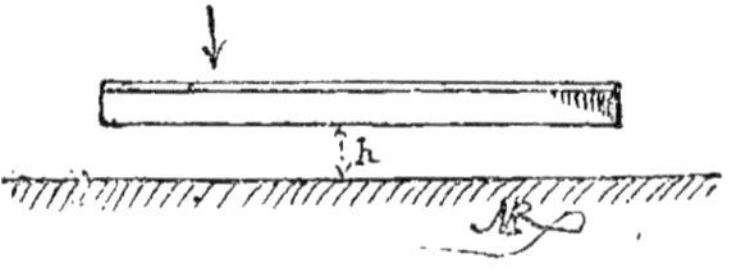

Fig. 21.

En faisant ce calcul, on a comme valeur de h :

Machine n° 1	$h =$	0^{m},164
— 2	$h =$	0 ,168
— 3	$h =$	0 ,172
— 4	$h =$	0 ,095

Si nous multiplions ces valeurs de h par la longueur *pratique* totale de la lame donnée par les essais, on a la surface théorique que le coupe-racines aurait donnée si les racines étaient bien tassées sans aucun espace vide entre elles ; en faisant cette application, on a :

Machine n° 1	13,50 × 0,164	= 2$^{m^2}$,214,	soit en pratique	2$^{m^2}$,22
— 2	13,55 × 0,168	= 2 ,276	—	2 ,28
— 3	15,00 × 0,172	= 2 ,580	—	2 ,58
— 4	15,70 × 0,095	= 1 ,491	—	1 ,50

Ainsi, pour couper 1 mètre carré de surface il a fallu que les couteaux décrivent une surface bien plus grande; cela est dû aux vides que les betteraves laissent entre elles. On voit que le disque conique a un coefficient plus petit, car les betteraves (A) (*fig.* 22) pouvant se coucher d'elles-mêmes horizontalement dans la trémie, laissent bien moins de vide entre elles que quand elles sont pêle-mêle dans les trémies triangulaires (B) (*fig.* 22) des coupe-racines à disque vertical.

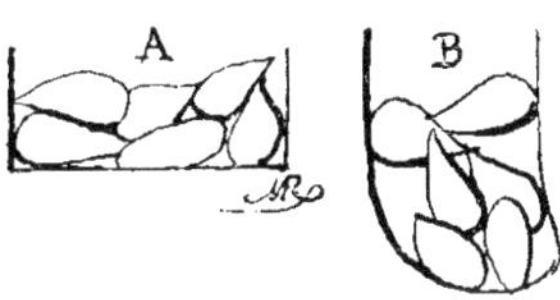

Fig. 22.

On aura comme coefficients pratiques :

Tableau des coefficients pratiques du rapport de la surface utile A à la surface vide a.

	Valeur de A.	Valeur de a.	Rapport.
Coupe-racines à disques plans verticaux et horizontaux	1	1,25	$^5/_4$
Id. à disques coniques et cylindriques horizontaux	1	0,50	$^1/_2$

Nous pouvons donc maintenant calculer le nombre de tours T que doit faire une machine pour couper une surface de 1 mètre carré en tranches, en connaissant r le rayon du centre de résistance, n le nombre des lames et L la longueur utile totale pratique de la lame nécessaire, et l'état de chargement de la trémie, c'est-à-dire quelle est la portion qui est remplie de racines, ou la longueur AB (*fig.* 20, en supposant que l'on ait $AB = \left(\frac{2 \pi r}{x}\right)$.

Il faut que les lames décrivent une surface égale à $(A + a)$; on a alors :

$$L = \frac{A + a}{\left(\frac{2 \pi r}{x}\right)} \quad . \quad . \quad . \quad . \qquad (50)$$

On connaît maintenant $(A + a)$ et le rayon du centre de résistance ; la formule (50) peut se transformer pour savoir le nombre T de tours nécessaires si l désigne la longueur d'une lame :

$$T = \frac{L}{n \cdot l} \quad . \quad . \quad . \quad . \quad . \quad . \qquad (51)$$

en donnant à L la valeur de la formule (50).

Ainsi, nous savons exactement le nombre de tours qu'il faut pour couper en tranches une surface de 1 mètre carré et cela à une épaisseur quelconque, et d'après la formule (49), nous en déduisons le nombre de tours pour couper x kilogr. de racines [1].

§ 3. — *Influence de la variété.*

La variété à laquelle la betterave appartient exerce sur le travail moteur une grande influence par suite de sa densité ; je ne répéterai pas ce que je viens de dire sur la forme, on voit en effet que, si nous reprenons la formule (49) :

$$K = s \cdot e \cdot d$$

1. De toutes les formes, les betteraves corne-de-bœuf [3] (*fig.* 23) de la série D ont donné des chiffres énormes, dus à leur excessive longueur qui est bien proche de 6 à 7 fois leur diamètre moyen ; pour ces variétés, il faut, pour économiser le temps et le travail, les couper à la main en deux ou trois morceaux qui seront ensuite jetés dans la trémie de la machine, où ils se comporteront comme les autres variétés (2 et 1). Les variétés rondes (1) ont plus de chances pour rouler sur elles-mêmes dans la trémie que les variétés ovoïdes régulières (2), qui prennent le nombre de tours minima. Aussi voyons-nous la culture qui, en se perfectionnant, tend toujours à n'employer que des plantes perfectionnées elles-mêmes, en rejetant toutes les autres qui semblent plus ou moins barbares, et la variété corne-de-bœuf est du nombre.

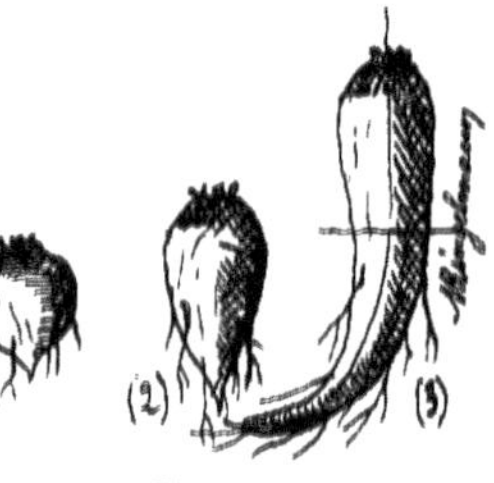

Fig. 23.

il est clair que plus K est considérable, plus le travail moteur à dépenser pour couper 1 kilogr. de racines est faible, car s et e étant constants, il faudra, pour atteindre ce desideratum, que la densité d soit à son maximum, en supposant que le travail moteur pour couper 1 mètre carré soit constant ou à très peu près constant ; si cette hypothèse est fondée, on a la loi suivante :

Pour une même épaisseur de tranche, *le travail utile pour couper 1 kilogr. de racines est fonction inverse de la densité de la racine.*

Il nous reste maintenant à chercher le 3e facteur de la formule, c'est-à-dire l'effort exercé.

§ 4. — *Effort moteur moyen.*

Nous avons vu, lors des expériences à la guillotine, que le travail moteur est fonction de l'épaisseur de la tranche ; pour vérifier cela, j'ai fait 2 séries d'expériences (Q et R) sur la même machine en faisant varier l'épaisseur. On y remarque une légère accélération de force, mais le nombre de tours nécessaire pour couper 1 kilogr. diminue avec l'épaisseur, et le travail tend à rester à peu près constant.

Numéro de l'expérience.	Nombre de tours.	Poids coupé.	Surface donnée par 1 kilo coupé.	Épaisseur moyenne.	EFFORT sur la manivelle.			EFFORT sur le centre de résistance.		
					Total.	A vide.	Utile.	Utile.	Frottant.	Net de coupe.
Série Q. — Betteraves disette d'Allemagne (altérées). Machine n° 1. — Tranches.										
		k.	m. carré	millim.	kilogr.	kilogr.	kilogr.	kilogr.	kilogr.	kilogr.
195	30	2,50	0,45	1,80	5,60	1,60	4,00	6,88	0,96	5,92
196	40	8,00	0,50	2,50	5,20	1,60	3,60	6,19	0,96	5,13
197	40	9,60	0,34	3,25	6,00	1,60	4,40	7,56	0,96	6,60
198	40	9,60	0,35	4,00	7,30	1,60	5,70	9,80	0,96	8,84
Série R. — Betteraves jaunes ovoïdes des Barres. Machine n° 1. — Tranches.										
199	20	1,3	0,74	1,75	4,00	1,40	2,60	4,47	0,96	3,51
200	20	3,0	0,39	2,75	5,80	1,40	4,40	7,56	0,96	6,60
201	20	5,0	0,52	3,10	7,60	1,40	6,20	10,66	0,96	9,70
202	20	7,0	0,27	4,00	7,00	1,40	5,60	9,63	0,96	8,77

Si l'on fait les moyennes des efforts exercés [1] dans les 13 séries d'expériences dynamométriques, par la méthode ordinaire, on obtient les chiffres suivants :

Machine nº 1,	épaisseur	$3^{mm},29$,	effort moyen		$5^{k},570$
—	2	—	4 ,10	—	6 ,780
—	3	—	7 ,04	—	5 ,410
—	4	—	4 ,84	—	13 ,500

Si nous désignons par a l'effort moyen utile, par n le nombre des lames, on a :

$$\frac{a}{n} = b, \quad . \; . \; . \; . \; . \; . \; . \; . \qquad (52)$$

et par N le résultat obtenu de la multiplication du nombre des lames par leur longueur, on a :

$$\frac{b}{N} = K \quad . \; . \; . \; . \; . \; . \; . \; . \qquad (53)$$

et K est un coefficient à peu près constant, qui varie avec l'épaisseur de la tranche ; on a :

Coefficient de l'effort net de coupe.

Machine nº 1,	épaisseur	$3^{mm},29$,	valeur de K		$1^{k},40$
—	2	—	4 ,10	—	1 ,70
—	3	—	7 ,04	—	2 ,90
—	4	—	4 ,84	—	1 ,25

On voit que la machine 4 a un coefficient bien petit ; il est de 1,25, tandis qu'il devrait être de 1,80 à 2 kilogr. Elle a à son avantage un bénéfice de 0,55 à $0^{k},750$, qui est dû au grand nombre des lames (6), les résistances passives comme le frottement de la tranche sur les angles des lumières diminuent et le rendement de la machine augmente, donc tout est en faveur des machines coniques et cylindriques. Si on donne à la machine 4 la valeur de K = 2 kilogr. en lui ajoutant $0^{k},75$, on obtient le tracé graphique suivant (*fig.* 24) : la résultante est une droite, par conséquent la ligne des accélérations sera aussi droite ; on a une loi régulière et la ligne arrive au point *o*. Les valeurs de K ont varié entre $0^{k},400$ et $0^{k},500$, je crois qu'il serait bon d'adopter en pratique le coefficient $0^{k},450$, et si l'on

1. Sur le centre de résistance.

veut chercher la valeur du coefficient K, on a, si d désigne l'épaisseur en millimètres de la tranche :

$$K = d\,(0^k,450)\;.\;.\;.\;.\qquad (54)$$

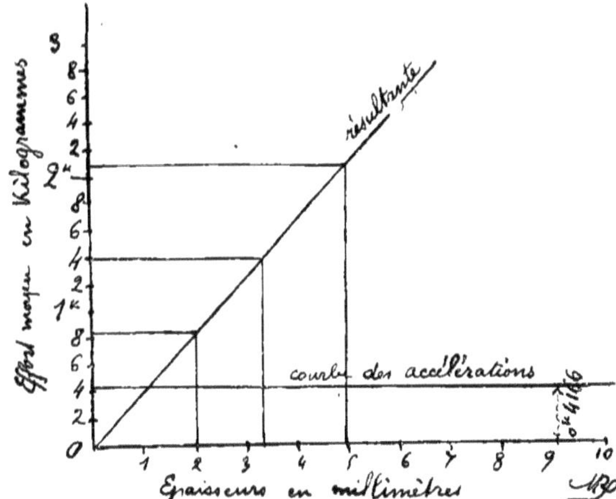

Fig. 24.

Ici je ferai remarquer que le coefficient K est exact lorsqu'il n'y a qu'une lame qui agit à la fois, c'est-à-dire que la trémie est chargée de telle sorte qu'une lame la quitte lorsqu'une autre la reprend.

Si le chargement est fait à x lames, on a :

$$K = x\left[d\,(0^k,450)\right]\;.\;.\qquad (54')$$

Pour terminer, il suffira de donner les formules très simples permettant de trouver l'effort net de coupe e''.

On a, en reprenant les formules 52, 53 et 54, en ayant a comme terme inconnu et remplaçant a par sa valeur e'' de la formule générale (1) :

$$e'' = K\,.\,N\,.\,n\;.\;.\;.\;.\qquad (55)$$

Si on donne à chaque terme sa valeur, K d'après (54') $N = n. l$ et à l la longueur de la lame, on a en simplifiant :

$$e'' = x \left[d(0^k,450)\right] l. n^2. \quad . \quad (56)$$

C'est la formule de l'effort net de coupe. Ainsi nous connaissons tous les éléments pour déterminer le travail moteur dépensé par un coupe-racines de forme et de dimensions données avec un chargement donné.

Avant de passer à l'étude de la vitesse et des formes rationnelles à adopter dans la construction, je crois utile de donner les coefficients relatifs pour les cossettes et les languettes, les dépulpeurs et les râpes.

II. — LES COSSETTES ET LES LANGUETTES.

Nous savons que les coupe-racines, les dépulpeurs et les râpes se confondent au point de vue des valeurs de e et de e' de la formule générale (1), mais ils ne diffèrent entre eux que par un seul terme, le coefficient e'' qui est l'*effort net* de coupage, s'il s'agit de coupe-racines, ou d'*arrachement*, s'il s'agit de dépulpeurs et de râpes.

Voici les résultats de quatre séries d'expériences sur les coupe-racines n°s 1, 2 et 4, ayant été montés en cossettes.

Numéro de l'expérience.	Numéro de la machine.	Nombre de tours.	Poids coupé.	Épaisseur moyenne.	EFFORT					
					sur la manivelle.			sur le centre de résistance.		
					Total.	A vide.	Utile.	Utile.	Frottant.	Net de coupe.
Série N. — TOPINAMBOURS. — Coeff. frott. : fer poli 0,372 ; fonte 0,413.										
			kilogr.	millim.	kilogr.	kilogr.	kilogr.	kilogr.	kilogr.	kilogr.
183	1	40	6,9	3,5	4,80	1,204	3,59	6,83	1,10	5,73
184	2	40	6,0	3,0	4,56	1,280	3,28	5,56	1,05	4,51
185	4	40	12,0	6,5	5,10	1,200	3,90	11,70	1,16	10,53
Série O. — BETTERAVES DISETTE D'ALLEMAGNE. — Coeff. frott. : fer poli 0,300 ; fonte 0,370.										
189	4	20	0,9	la longueur des racines était extraordinaire.						
190	4	20	3,1	4,0	5,0	1,50	3,50	10,50	1,05	9,45
191	4	20	4,0	4,0	5,3	1,50	3,80	11,40	1,05	10,35
192	4	51	9,0	4,0	5,6	1,50	4,10	12,30	1,05	11,25
Série P. — BETT. GLOBE JAUNE. — Coeff. frott. : fer poli 0,290 ; fonte 0,370.										
193	4	20	4,3	3,5	5,40	1,44	3,96	11,88	1,05	10,83
194	4	60	11,5	3,5	5,06	1,44	3,62	10,86	1,05	9,81
Série S. — BETT. JAUNES OVOÏDES DES BARRES. — Coeff. frott : fer poli 0,320 ; fonte 0,348.										
203	1	20	1,0	1,75	4,04	1,00	3,04	5,33	0,96	4,37
204	1	20	1,5	1,72	4,56	1,00	3,56	6,83	0,96	5,87
205	1	20	2.0	2,25	5,22	1,00	4,22	7,26	0,96	6,30
206	1	20	2,0	2,50	4,40	1,00	3,40	5,85	0,96	4,89
207	1	20	4,9	3,00	6,24	1,00	5,24	9,11	0,96	8,15
208	1	20	2,0	3,25	5,20	1,00	4,20	7,22	0,96	6,26
209	1	10	1,0	3,25	4,24	1,00	3,24	5,58	0,96	4,62
210	1	20	5,3	5,00	7,20	1,00	6,20	10,66	0,96	9,70
211	1	20	5,6	5,00	6,40	1,00	5,40	9,39	0,96	8,43

A ces quatre séries, j'ajouterai trois autres (T, U et V) faites sur des machines spéciales dont voici les dimensions ; j'indique ici, en même temps, celles des machines à dépulper (X et Y), que nous étudierons un peu plus loin :

Série T : coupe-racine à double fin.	Machine n° 5 cossettes. — 6 languettes.	cylindriques de Gardner, prêtées par M. Pécard.
Série U : id.	Machine n° 7 cossettes. — 8 languettes.	à plateau vertical de Nicholson, prêtées par MM. Waitte-Burnell.
Série V : id.	Machine n° 9 cossettes. — 10 languettes.	à disque plan vertical, de M. Pécard.

Série X : machine n° 11, dépulpeur cylindrique horizontal de Bentall, prêtée par M. Lanz (Paris).

Série Y : machine n° 12, dépulpeur à disque plan vertical de Hornsby et Sims, prêtée par M. Pécard.

Voici les dimensions de ces machines :

		NUMÉROS DES MACHINES.							
		N° 5.	N° 6.	N° 7.	N° 8.	N° 9.	N° 10.	N° 11.	N° 12.
Diamètre du disque		0,300	0,300	0,660	0,660	0,650	0,650	0,200	0,740
Nombre des lames.		2 disposées en retraite	2	6 droites	2 courbes	6 droites	2 courbes	15 rangées de dents	12 rangées de dents
Longueur utile d'une lame.	Tranches.	—	7 de 0,04	—	10 de 0,026	—	12 de ,018	—	—
	Cossettes.	15 de 0,02	—	13 de 0,012	—	13 de 0,011	—	—	—
Surface d'une dent		—	—	—	—	—	—	c. c. 0,75	c. c. 0,50
Longueur d'une dent		—	—	—	—	—	—	0,005	0,010
Nombre de dents		—	—	—	—	—	—	85	108
Longueur totale de lame.	Tranches.	—	m 0,560	—	0,512	—	0,432	—	—
	Cossettes.	0,600	—	0,816	—	0,858	—	—	—
Surface totale des dents		—	—	—	—	—	—	0,425	1,296
Angle α d'inclinaison de la trémie avec l'horizontale.		90°		30°		33°		90°	46°
Valeur du rayon r du centre de résistance		0,150		0,213		0,205		0,100	0,226
Valeur de sinus α		1,000		0,500		0,544		1,000	0,719
Valeur du rayon R de la manivelle dynamométrique		—		—	0,363	—		—	—
Valeur de $\left(\frac{R}{r}\right)$		2,42		1,70		1,77		3,63	1,60
Valeur de $2\pi r$.		m 0,942		1,338		1,288		0,628	1,423

Résultats d'expériences des séries T, U et V.

BETTERAVES JAUNES OVOÏDES DES BARRES.

SÉRIE.		Numéro de l'expérience.	N° de la machine.	Nombre de tours.	Poids coupé.	Épaisseur moyenne.	s = surface de 1K. n = nombre de morceaux au kilo.	EFFORT sur la manivelle. Total.	EFFORT sur la manivelle. À vide.	EFFORT sur la manivelle. Utile.	EFFORT sur le centre de résistance. Utile.	EFFORT sur le centre de résistance. Frottant.	EFFORT sur le centre de résistance. Net de coupe.
					kilog.	millim.	m. c.	kilogr.	kilog.	kilog.	kilogr.	kilog.	kilogr.
T.													
	Tranches	218	6	20	7,70	16,0	s=0,1372	10,0	2,0	8,0	19,36	1,40	17,96
		220	6	20	5,00	18,5	n = 39	7,0	1,4	5,6	13,55	1,40	12,10
		220′	6	20	5,20	18,5	n = 38	—	—	—	—	—	—
		227	6	10	2,00	18,0	n = 38	8,0	2,5	5,5	13,31	1,40	11,91
		227′	6	10	2,20	18,0	n = 38	—	—	—	—	—	—
	Cossettes	219	5	20	3,50	14,0	n = 76	9,4	2,0	7,4	17,90	1,40	16,50
		228	5	40	7,20	15,0	n = 100	9,0	2,2	6,8	16,45	1,40	15,50
U.													
	Cossettes	223	7	20	2,0	1,50	—	6,8	2,0	4,8	8,16	0,52	7,64
		223′	7	20	2,0	1,50	—	—	—	—	—	—	—
	Languettes	224	8	20	8,5	24,00	n = 24	11,0	2,0	9,0	15,30	0,52	14,78
V.													
	Languettes	221	9	20	5,2	15,00	n = 100	7,4	1,5	5,9	10,44	0,57	9,87
	Cossettes	222	10	20	5,7	1,75	n = 250	7,5	1,5	6,0	10,62	0,57	10,05
	Tranches	217	1[1]	20	4,1	3,50	s = 0,27	6,6	1,8	4,8	8,25	0,93	7,32

1. L'expérience 217 faite sur la machine n° 1 est une expérience comparative.

Nous voyons que l'effort moyen est un peu supérieur à celui des tranches, et cela se comprend aisément, car il y a un certain arrachement et des frottements latéraux qui se produisent dans les angles des lames, mais le travail nécessaire pour couper une certaine unité est à peu près le double que celui des tranches, car il faut faire à peu près deux tours avec les lames de cossettes pour couper une surface égale à celle des tranches, ce que nous voyons au tableau des dimensions des quatre premières machines (p. 36).

Il est, toutefois, inutile de nous arrêter plus longtemps sur la question relative à la longueur de la lame ou plutôt au nombre de tours pour couper une surface de 1 mètre carré, on l'obtient en appliquant les formules (50 et 51).

Il nous reste à déterminer les coefficients nets de coupe. Il est évident que nous aurons la même formule que pour les tranches; voici les moyennes :

COSSETTES.

		millim.		kilogr.
Machine n° 1, épaisseur		3,627 a	=	6,032
— 2	—	3,000	»	4,510
— 4	—	4,910	»	10,370
— 5	—	14,500	»	15,780
— 7	—	1,500	»	7,640
— 9	—	1,750	»	10,050

LANGUETTES.

		millim.		kilogr.
Machine n° 6, épaisseur		17,5 a	=	13,990
— 8	—	24,0	»	14,780
- 10	—	15,0	»	9,870

En appliquant les formules (52) et (53), on a les valeurs de K qui, divisées par le nombre de millimètres d'épaisseur, donnent K par millimètre, c'est-à-dire les résultats suivants :

	Machine	K par millimètre	Soit en moyenne : Théorique.	Soit en moyenne : Pratique.
Cossettes	Machine n° 1	$0^k,875$	$0^k,983$	$1^k,000$
	— 2	0,730		
	— 4	0,360 (min.)		
	— 5	1,813 (max.)		
	— 7	1,000		
	— 9	1,120		
Languettes	— 6	0,714	0,690	0,700
	— 8	0,592 (min.)		
	— 10	0,766 (max.)		

On a ainsi les valeurs des coefficients K pratiques, $1^k,000$ et $0^k,700$. On peut remplacer K dans la formule (56) et on a :

VALEUR DE c'' POUR LES COSSETTES :

$$c'' = x.\ d.\ l.\ n^2. \qquad (57)$$

VALEUR DE c'' POUR LES LANGUETTES :

$$c'' = x.\ d.\ (0^k,700)\ l.\ n^2. \qquad (58)$$

III. — LES DÉPULPEURS ET LES RAPES.

Les expériences faites sur les dépulpeurs ont porté sur deux types de machines ([1]), l'une à disque plan vertical de Hornsby n° 12 et l'autre à disque cylindrique horizontal n° 11 de Bentall.

§ 1. — *Base de formule.*

Dans cette série de machines, la base de formule a changé, car les morceaux que l'on obtient sont tellement irréguliers que l'on ne peut les ramener à une base fixe qu'en employant le *volume.*

Pour cela, connaissant la densité d des racines, je prenais un certain poids p de n morceaux, les enfilais dans une épinglette très fine A (*fig.* 25), faite en cuivre, et je plongeais le tout dans une grande éprouvette graduée G dont je connaissais le niveau d'affleurement primitif f de l'eau; après avoir plongé, j'avais le niveau g; je savais donc exactement le volume de mes n morceaux, qui est égal au volume gf, moins celui de la portion de l'épinglette A plongée dans l'éprouvette (qui est un volume constant), et connaissant, d'une part, la densité b et, d'autre, le poids p de n morceaux et leur volume moyen V, je pouvais ramener le tout à une unité de volume, soit le *litre.*

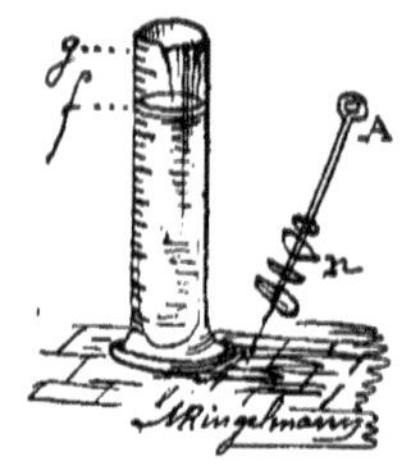

Fig. 25.

§ 2. — *Résultats d'expériences.*

Je donne seulement les résultats d'expériences de deux séries, X et Y, car elles sont toutes à peu près constantes.

1. Voir les dimensions des machines, p. 52.

BETTERAVES JAUNES OVOÏDES DES BARRES.

Série.	Numéro de l'expérience.	Numéro de la machine.	Nombre de tours	Poids dépulpé	Nombre de morceaux au litre.	Volume moyen d'un morceau.	Volume total dépulpé.	Nombre de tours pour dépulper un litre.	Effort sur la manivelle. Total.	Effort sur la manivelle. A vide.	Effort sur la manivelle. Utile.	Effort sur le centre de résistance. Utile.	Effort sur le centre de résistance. Frottement.	Effort sur le centre de résistance. Net d'arrachage.
	213		40	5k,4	400	2cc,50	5lit 40	7trs,4	7k,70	2k,50	5k,20	18k88	1k,05	17k83
	214		20	2 ,5	600	1 ,66	2 ,50	8 ,0	7 ,65	2 ,50	5 ,15	18 ,69	1 ,05	17 ,64
X	214′	11	20	1 ,9	600	1 ,66	1 ,90	10 ,5	—	—	—	—	—	—
	225		20	2 ,5	600	1 ,66	2 ,50	8 ,0	8 ,20	1 ,45	6 ,75	24 ,50	1 ,05	23 ,45
	225′		20	2 ,5	600	1 ,66	2 ,50	8 ,0	—	—	—	—	—	—
	215		40	9 ,0			9 ,00	4 ,40	9 ,50	2 ,10	7 ,40	11 ,84	0 ,51	11 ,33
Y	215′	12	13	4 ,0	900	1 ,11	4 ,00	3 ,25	—	—	—	—	—	—
	226		20	4 ,5			4 ,50	4 ,40	9 ,30	1 ,90	7, 40	11 ,84	0 ,51	11 ,33
	226′		20	6 ,5	850	1 ,18	6 ,50	3 ,07	—	—	—	—	—	—

§ 3. — *Nombre de tours nécessaire pour dépulper 1 litre.*

Reprenant le tableau précédent des séries X et Y, je trouve les mnnesoye :

Série X, moyenne théorique 8t,38 pratique 8t,40
Série Y — 3,78 — 3,80

Dans les expériences, la machine dans la série X avait 17 dents en action et, dans Y, il y en avait 27.

Série X. — Chaque dent enlève un morceau d'un volume de 2 centimètres cubes environ; on a 85 dents, donc par tour on doit enlever un volume de 170 centimètres cubes; il faut alors, pour dépulper 1 litre, faire 5t,88; en pratique, on a fait 8t,40, soit en plus 3,88 tours. D'où, pour dépulper 1 litre de racines, il faut faire un nombre de tours qui théoriquement dépulperait (1lit + 0l,591600). Cela représente le vide laissé entre les betteraves, comme je l'ai indiqué page 41, soit en pratique 0lit,600.

Dans le dépulpeur Y de Hornsby, il y a trois rangées de 9 dents en action, ayant une course de 150 millimètres, chaque dent triangulaire a 10 millimètres de base et 10 millimètres de hauteur, soit une surface de 0cq,50, la course lui donne un volume de 7cc,5, or il y a 27 dents par rangée et 4 rangées, cela donne 810 centimètres cubes par tour, d'où il faut, pour dépulper 1 litre, faire 1,23 tour; en pratique, il a fallu 3,80, soit en plus 2,57, représentant un volume de 2lit,0817; il faudra donc pour dépulper 1 litre faire le nombre de tours qui serait (théoriquement) égal à (1lit + 2lit,085).

Nous voyons que le rapport du volume vide à un volume plein A a été :

Machine nº 11. Dépulpeur à disque cylindrique horizontal.	$A = 1$, $a = 0^{lit},600$.
Machine nº 12. Dépulpeur à disque plan vertical.	$A = 1$, $a = 2^{lit},085$.

On voit qu'il y a, comme pour les coupe-racines, un avantage à employer les dépulpeurs à disque cylindrique horizontal.

Nous pouvons calculer le nombre de tours T pour dépulper 1 litre de racines ; si s désigne la surface d'une dent, l sa longueur utile d'action, v son volume utile ($v = s \,.\, l$), N le nombre de dents nécessaire pour dépulper 1 litre est égal à :

$$N = \frac{A + a}{v} \quad . \; . \; . \; . \; . \; . \quad (59)$$

Or, on connaît le nombre n de dents par rangée et n' le nombre de rangées, on a le nombre de tours T nécessaire :

$$T = \frac{N}{n.\, n'}$$

en remplaçant N par sa valeur (59) :

$$T = \frac{A + a}{v.\, n.\, n'} \quad . \; . \; . \; . \; . \; . \quad (60)$$

et, dans les calculs, on mettra les valeurs de a suivant les coefficients que j'ai donnés plus haut pour les deux types de machines à disque plan ou cylindrique.

La formule (60) donne le nombre de tours pour dépulper le volume de 1 litre = V, on peut le ramener au nombre de tours T' pour dépulper x kilogrammes de racines en connaissant leur densité d :

$$T' = T \frac{x}{1^{lit}.\, d}$$

en remplaçant T par sa valeur (60) :

$$T' = \frac{(A + a).\, x.}{v.\, n.\, n'.\, d} \quad . \; . \; . \quad (61)$$

§ 4. — *Effort moteur moyen.* — *Coefficient* K.

Il nous reste à chercher quel est le coefficient K d'arrachement ; ici, nous pouvons compter le volume qu'arrache une dent du dépulpeur :

Série X,	effort moyen	$19^k,64$
Série Y,	—	11 ,33

En appliquant les formules (52) et (53), en désignant par n le nombre de rangées de dents, t le nombre total de dents, s la surface d'une dent en centimètre carré, on obtient, en appliquant $\left(\frac{a}{n.t}\right)$, les résultats suivants :

Machine n° 11. . .	$K = 0^k,015$	$s = 0^{cq},75$
— 12. . .	$K = 0\ ,008$	$s = 0\ ,50$

c'est-à-dire en ramenant à une dent de 1 centimètre carré :

Machine n° 11. . .	$K = 0^k,020$	moyenne $0^k,18$
— 12. . .	$K = 0\ ,016$	

Le coefficient K varie entre 20 et 16 grammes par centimètre carré, soit en moyenne $0^k,018$.

La formule de l'effort moyen d'un dépulpeur ou d'une râpe est, lorsque le disque travaille sur le $\frac{1}{4}$ de son développement :

$$a = s.\ (K)\ t.\ n$$
$$a = s.\ (0^k,018)\ t.\ n$$

le nombre total t de dents est égal au nombre u de dents d'une rangée multiplié par n rangées, d'où en remplaçant t par sa valeur, a par e'' et en simplifiant :

$$e'' = s\ (0^k,018)\ u.\ n^2\ .\ .\ .\quad (62)$$

Formule semblable à celle des coupe-racines.

IV. — VITESSE DE ROTATION DU DISQUE COUPEUR.

Pour que chaque lame agisse avec efficacité, c'est-à-dire qu'elle tranche à chaque passage, il faut que le disque coupeur soit animé d'une certaine vitesse, que nous pouvons déterminer.

Supposons que la racine A soit proche du disque coupeur DE, dont on voit une lame en F (*fig.* 26) et qui a un mouvement suivant la flèche G, la lame a une ouverture de a, c'est-à-dire qu'elle enlèvera une tranche e d'une épaisseur a; supposons que le couteau vient de passer, il est arrivé en F′, la racine A se trouve écartée du disque DE d'une quantité égale à a; si, à ce moment, une seconde lame vient à passer, elle ne coupera rien. Il faut, avant que la seconde lame vienne agir *utilement*, que la racine A ait eu le *temps de descendre* et venir s'appuyer de nouveau contre le plateau DE; le problème revient donc à déterminer la vitesse de descente de la racine A, puis à donner au plateau une vitesse plus petite que celle-là.

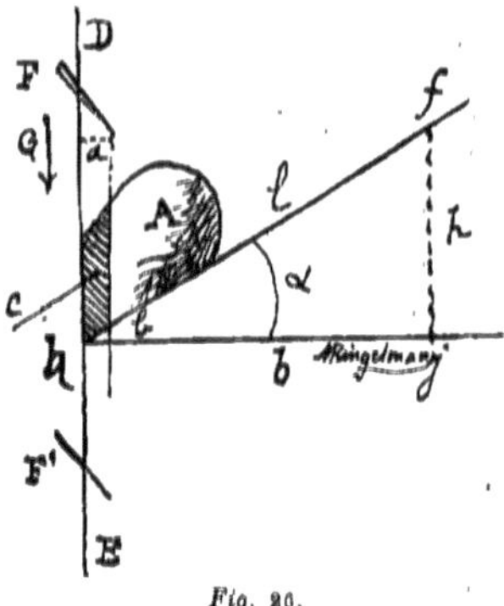

Fig. 26.

Si la racine descendait suivant la verticale, sa vitesse serait, suivant la formule bien connue :

$$v = \sqrt{2 g e} \quad \ldots\ldots \quad (63)$$

dans laquelle g est le coefficient d'accélération 9,80896 et e l'espace, — mais elle glisse sur un plan incliné et v subira une réduction qui serait égale au rapport de fj à hj', c'est-à-dire de la hauteur h à la base b :

$$v' = v \left(\frac{h}{b}\right)$$

En simplifiant :

$$v' = v \operatorname{tang} \alpha \quad \ldots\ldots \quad (64)$$

Dans la formule (63), la valeur de e est la verticale b, qui $=$ (a tang α), d'où remplaçant v par sa valeur :

$$v' = \sqrt{2 g.(a \operatorname{tang} \alpha)}.\ [\operatorname{tang} \alpha] \quad \ldots \quad (65)$$

il faut donc que si V désigne la vitesse à la circonférence du centre de résistance du disque :

$$V < v'$$

Si cette relation n'est pas réalisée, si $v' < V$, le couteau enlèvera une tranche plus mince que a. — La discussion de la formule montre que si on veut augmenter V, il faudra augmenter proportionnellement l'angle α et que la trémie se rapproche le plus possible de la verticale. Dans le cas d'une trémie à 90°, la formule de v' serait celle (63) dans laquelle $e = a$.

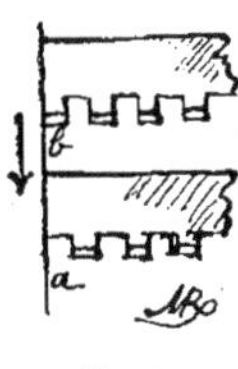

Fig. 27.

Si l'on fait des cossettes, en ayant soin d'alterner les dents des lames, c'est-à-dire (*fig.* 27) que le vide a de l'une corresponde au plein b de l'autre, la vitesse de rotation pourrait être à peu près le double que celle des tranches, toutes les autres conditions étant égales d'ailleurs.

On peut admettre, en pratique, que V doit être les 60 p. 100 de v', donc

$$V = v . 0{,}60 \quad . \; . \; . \; . \; . \; . \quad (66)$$

On peut, connaissant V, déterminer le nombre de tours que le disque doit faire par minute, on déterminera d'abord la vitesse v de descente des racines, on en déduit V d'après (66); V est exprimé en mètres sur la circonférence ($2\pi r$) du centre de résistance r, le nombre de tours T que le disque doit faire en 1 minute (60″) est égal à :

$$T = \frac{60'' . 2 \pi r}{V} \quad . \; . \; . \; . \; . \quad (67)$$

En appliquant cette formule pour la machine n° 1 (voir le tableau, page 39), en donnant à la tranche 5 millimètres d'épaisseur, on a pour v $0^{m},862$ à la seconde, et $T = 21^{t},780$, et dans mes expériences dynamométriques, je faisais environ 20 tours.

On voit, en discutant les formules précédentes, que les vitesses de 300 à 400 tours pour les coupe-racines des distilleries ou les 1,000 tours des râpes des sucreries sont des vitesses trop fortes (près de 10 p. 100) et ont l'inconvénient d'exiger une force plus considérable que celle qui serait nécessaire.

CHAPITRE VI

RÉSULTATS PRATIQUES DES EXPÉRIENCES

I. — DES MACHINES RATIONNELLES.

Trois points principaux sont à considérer dans la construction des machines rationnelles : le disque coupeur, le couteau et la trémie.

§ 1. — *Le disque coupeur.*

Le disque coupeur rationnel est un disque cylindrique à axe horizontal, ainsi que toutes les formules le démontrent : pour l'effort à vide (34-27), le rapport du rayon R de la poulie ou de la manivelle motrice au rayon r du centre de résistance $\left(\frac{R}{r}\right)$ est plus grand que dans les autres disques. Enfin, pour l'effort net de coupe, le tableau des résultats dynamométriques (page 37) nous montre que la machine n° 4 (conique) dépense le moindre travail par mètre carré coupé, le nombre de tours pour couper une unité de surface est plus petit, enfin en reprenant la formule de l'effort net de coupe (56) dans laquelle $[x \cdot d \ (0^k,450)]$ serait mis en facteur commun, appelé S, on a :

$$e'' = S. \ l. \ n^2. \ . \ . \ . \ . \ . \ . \quad (68)$$

On voit que, toutes choses étant d'ailleurs égales, il faut augmenter la longueur l d'une lame et diminuer le nombre n, car celui-ci croît comme un carré et le disque cylindrique est le seul qui permet d'avoir l aussi long que l'on veut sans augmenter le rayon r du centre de résistance.

§ 2. — *Le couteau.*

Ainsi que nous l'avons discuté pages 34-35 (§ 2, inclinaison de la lame, chapitre III), le couteau doit être une lame courbe ; si c'est un disque plan, la courbe sera une spirale logarithmique de 15°, — disque conique ou cylindrique, une hélice de 75°).

Quel est le rapport de e'' d'une lame inclinée à 0° à celle de 15°? Si e'' désigne l'effort net de coupe (68) dans le cas d'un angle à 0°, e''_1 sera l'effort dans le cas d'un angle de :

$$\left.\begin{array}{l} 10^\circ \; e''_1 = e''.\,(0{,}750) \\ 17^\circ \; e''_1 = e''.\,(0{,}690) \end{array}\right\} \; 15^\circ = e''_1 = e''.\,(0{,}720). \quad (69)$$

Ces chiffres seuls nous montrent la supériorité des lames courbes, à courbe rationnelle. L'économie de force est près d'un tiers, soit 28 p. 100.

§ 3. — *La trémie.*

Je ne discuterai pas ici les formules relatives au frottement des betteraves contre le plateau, formules qui intéressent uniquement l'angle que fait la trémie avec l'horizontale. Il ne faut pas que les trémies aient une double pente (voir *fig.* 28), car la racine descend bien de B en A, mais comme la pente vient à changer, la vitesse de chute change, elle s'arrête en *a*, les racines ne descendent plus en A, elles forment des voûtes et le disque tourne sans couper ; au contraire, il faudrait, comme le montre la figure 28 bis, que la trémie soit inverse B'*a*'A', car alors les racines ne peuvent plus coincer.

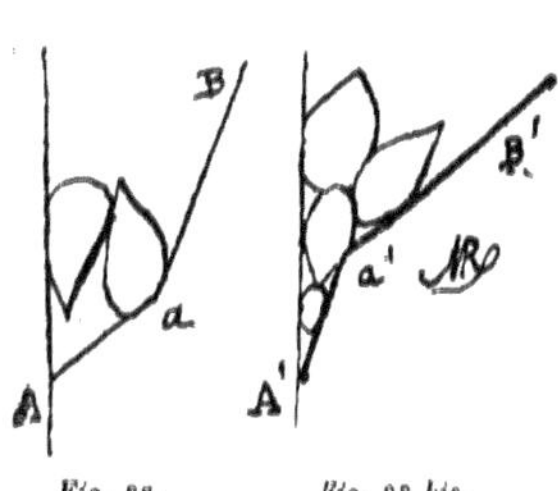

Fig. 28. *Fig. 28 bis.*

II. — APPLICATIONS.

Les recherches que je viens d'exposer nous ont donné des formules que nous pouvons employer en pratique, à la résolution de différents problèmes ; or, comme la place qui m'est désignée est assez restreinte et que je me suis déjà assez étendu, je ne ferai que citer les principaux problèmes et donnerai le numéro des formules qui les intéresse, car, connaissant ces formules, leur résolution ne présente aucune difficulté.

1. — Connaissant les dimensions de la machine, déterminer le travail nécessaire pour couper x kilogr. de racines ; — c'est l'application pure et simple des formules précédentes de l'effort à vide, du frottement des racines contre le plateau et de l'effort net de coupe.

2. — Connaissant les dimensions de la machine, déterminer le temps nécessaire à couper x kilogr. de racines ; — on cherche d'abord le nombre de tours T de la formule (51), puis la vitesse v' (63-64-65), la formule (67) donne le nombre de tours maximum par minute, d'où on déduit le temps d'après (51) et (67).

Connaissant e'', l'effort net de coupe, si d est l'épaisseur de la tranche, n le nombre de lames, l la longueur d'une lame et k le coefficient, on a :

3	connaissant	e'', d, n,	déduire	l
4	—	e'', n, l,	—	d
5	—	e'', l, d,	—	n

6. — Enfin, retourner le problème 1, c'est-à-dire, connaissant la force que l'on a à sa disposition en temps t, déterminer les dimensions d'une machine qui doit couper x kilogr. de racines dans ce temps.

Les 69 formules précédentes permettent de résoudre tous ces problèmes avec facilité.

Nancy, imprimerie Berger-Levrault et Cie.

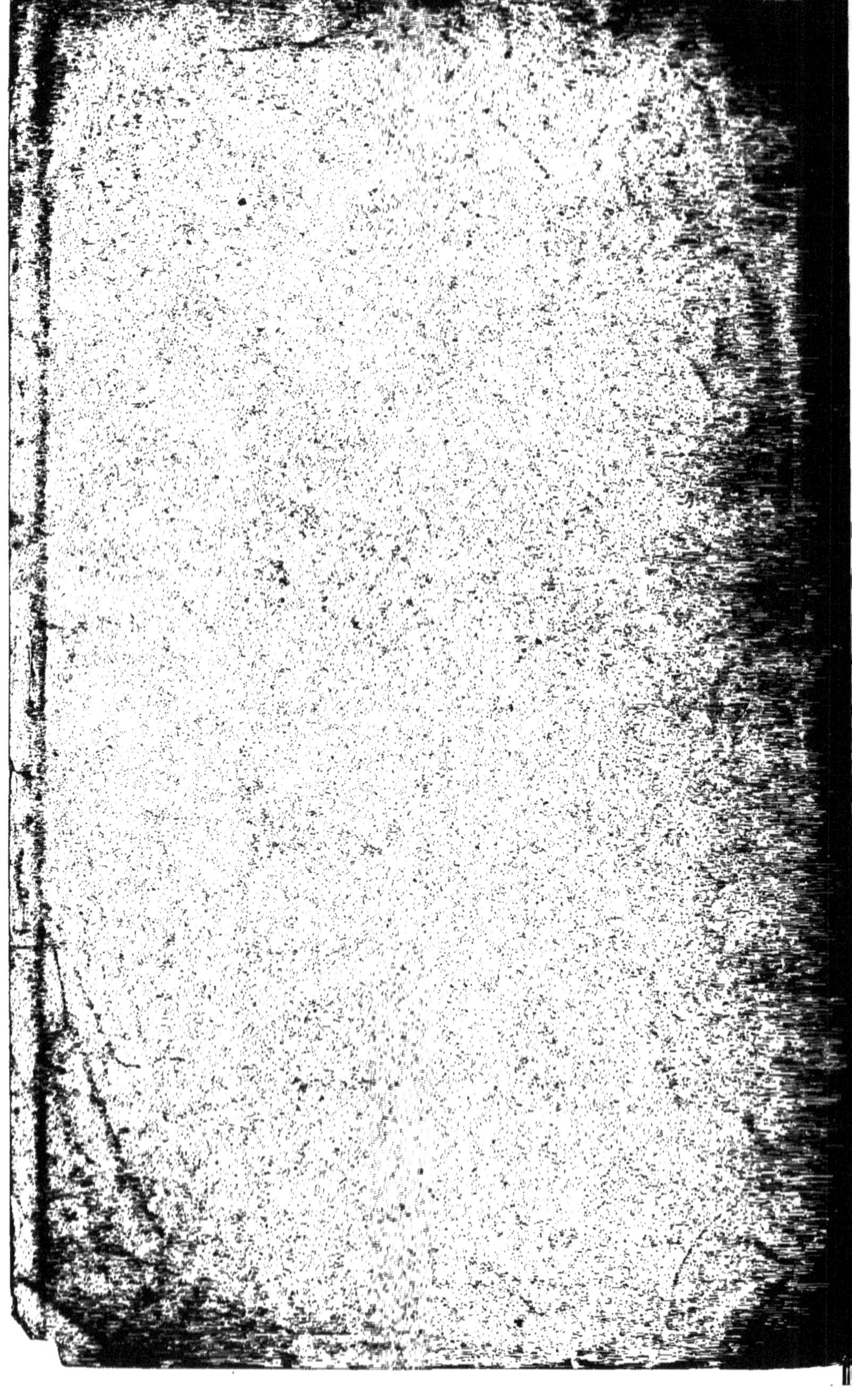

www.ingramcontent.com/pod-product-compliance
Ingram Content Group UK Ltd.
Pitfield, Milton Keynes, MK11 3LW, UK
UKHW020211200726
13856UKWH00004B/1312

9 782013 382038